大樂文化

IBM部長
強力推薦的
圖解 Excel
商用技巧

用大數據分析商品、達成預算、美化報告的**70**個絕招！

【暢銷限定版】

加藤昌生◎著　李貞慧◎譯
新人コンサルタントが入社時に叩き込まれる「Excel」基礎講座

CONTENTS

第2章 Excel 高手都知道的 5 個技巧，你怎麼能不會！

第3章　製作會說故事的 Excel 圖表，最有說服力　063

第4章 只要學會 6 組商用函數，工作效率就加速

第**5**章　實戰演練：用 Excel 分析導出結論、做出決策　177

前言
AI 時代來臨，你我都得學會用 Excel 進行大數據分析

　　這個世界越來越像是地球村，現在各位的競爭對手，是來自亞洲和世界各國的商務人士，與我剛進社會時完全不同。我 20 多歲時，由於工作的關係，有幸與蘋果電腦創辦人史提夫‧賈伯斯閒聊。那時，他對我說的話影響我往後的人生，他說：「**你一定要成為全球認可，而不是只有日本認可的商務人士。**」

　　距今約 30 年前，也就是 1980 年代中期，我在美國加州的庫比蒂諾（Cupertino）接觸到微軟公司的 Excel。當時我接觸到的，是蘋果公司的麥金塔（Macintosh，簡稱 Mac）版 Excel。Excel 的前身，是名為 Multiplan 的試算表軟體，從那個時候起，Excel 和試算表軟體陪伴我度過一段快樂的職涯。

　　Excel 也是一種試算表軟體，最大的特徵是「沒有特徵」。換句話說，任何人都能輕鬆上手。

　　1980 年代中期至今的 30 年，Excel 的功能不斷擴充，現在已是眾所周知的重要商業套裝軟體。特別是在 Windows 版問市後的功能擴充，更是令人瞠目結舌。本書使用的版本是 Excel 2016，內容和範例是根據這個版本撰寫而成（編註：中、日文版 Excel 的操作介面略有不同，本書中文版的部分說明將依中文版介面調整）。

　　最近，有越來越多的大企業部長級幹部、中小企業社長，向

我諮詢 IT 相關問題，內容不外乎是「想把數據資料運用在經營上」、「想導入 AI（人工智慧）」、「想投入 IoT（物聯網）事業」，但不知從何下手。

　　其實，這 3 種煩惱有一個共通點，就是數據資料（而且是為數龐大的資料）。最近流行的 AI，便是所謂的「大數據（Big Data）＋機器學習（Machine Learning）」，所以沒有大數據，一切等於是空談。

　　包含社群網站、電子郵件及網頁等在內，全球的數據量爆增，已是 10 年前無法想像的數量。如果說在這個時代，掌握數據資料等同於掌握市場，一點也不為過。

　　由此可見，從現在到未來，經營事業成功的關鍵，就是擁有處理商業數據的能力（技術）。我建議經營者和管理階層盡早教育員工，建立數據資料導向的組織，成為數據智慧型（Data Smart）公司。想成為這樣的公司，員工能力正是最重要的課題。相對地，從員工的角度來看，具備處理商業數據的能力，可以讓自己更有優勢。

　　本書將說明如何運用 Excel 進行商業數據分析，這是學會處理商業數據的第一步。從簡單的地方開始著手，是成功的祕訣。利用職場上不可缺少的工具，也就是唾手可得的 Excel 軟體，來分析公司資料，有助於培養處理商業數據的能力。

　　希望本書能協助各位，跨出分析商業數據的第一步。請好好運用本書。

第 1 章

想超越別人？
首先要學會活用 Excel

🔍內容

- ● Excel 是必備基本功。
- ● Excel 讓資料更有價值。
- ● 掌握商業數據分析的精髓。
- ● 學會商業分析思考法。

1

Excel 是必備基本功

企業和個人擁有「數據智慧」，才能創造驚人績效

現在，我們身處的 IT 環境正面臨劇烈變動。

IoT、AI 領域的機器學習、深度學習和強化學習，以及 AIoT 等，正加速進化。再看看企業經營領域，除了上述的進化之外，大數據分析和商業數據分析等，也越來越不可或缺。**今後，企業要存活下去，必須成為數據智慧型公司。**

在數據智慧型公司裡，所有員工都重視數據資料，不僅分析、共享資料，也利用資料做出決策。擁有資料分析的企業文化，才稱得上是數據智慧型企業。

想成為數據智慧型人才或公司，首先要能以 Excel 作為商業數據分析的工具。對擁有數據智慧的人才而言，用 Excel 處理與分析公司的數字或資料，可說是家常便飯。

公司每個部門皆充滿商業數據，因此不論被分發到哪一個部門工作，都要讓自己成為數據智慧型人才，熟悉商業數據分析的文化。

運用 **Excel**，是成為數據智慧型人才或公司的第一步

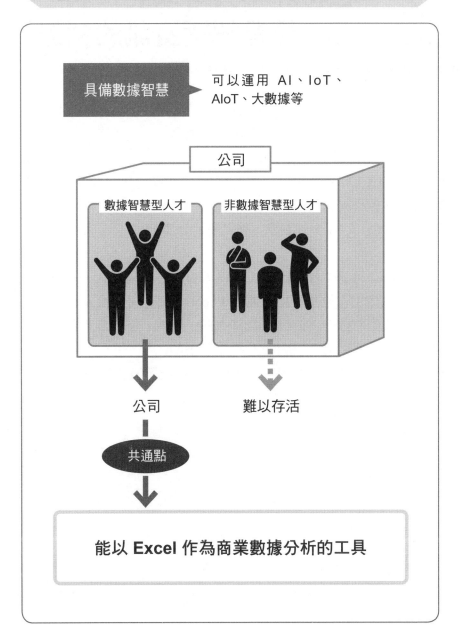

第**1**章

第**2**章

第**3**章

第**4**章

第**5**章

015

2

Excel 是必備基本功

Excel 不只可以製作表格，更是解讀資訊的利器

對你或公司來說，使用 Excel 的目的是什麼？在大多數情況下，公司或組織的目的不外乎以下 3 點：

1. 追求工作效率。
2. 客觀檢視資料或數字。
3. 在公司內部共享見解，依此做出決策。

你必須透過工作，對公司或組織的成長與獲利做出貢獻。用 Excel 處理工作也是一樣。運用 Excel 能工作得更快、更聰明，生產力也跟著提升。此外，共享 Excel 資料，可以讓相關人員掌握狀況，使決策更有效率。

希望各位牢記，**使用 Excel 不只是為了製作圖表。重點在於，從這些圖表可以看出些什麼。**

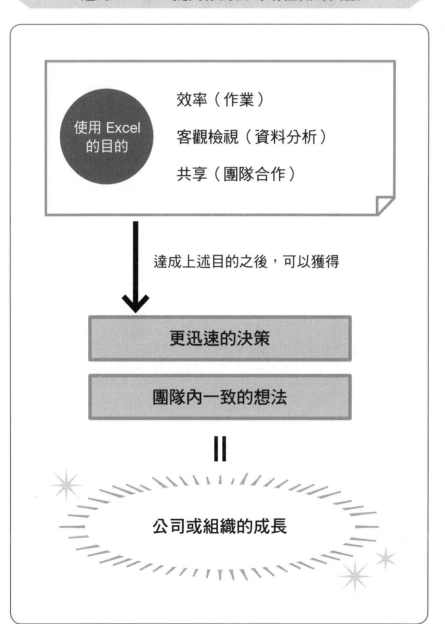

運用 Excel，提高你對公司或組織的貢獻

使用 Excel
的目的

效率（作業）

客觀檢視（資料分析）

共享（團隊合作）

達成上述目的之後，可以獲得

更迅速的決策

團隊內一致的想法

＝

公司或組織的成長

3

Excel 讓資料更有價值

資料不論是少量、海量還是雜亂，通通可以處理

對進入公司或組織的你而言，**使用 Excel 等同於活用商業數據**。

現今企業處於數據量爆增的環境。20 年前還沒有社群網站，而現在大家都競相分析社群網站的發文，藉此了解消費者對自家產品的印象。

資料分析和商業數據分析有何不同？

資料分析是指將數值或字串等資料化為圖表，從中掌握趨勢或找出問題。就這一點來看，商業數據分析和資料分析相同，只是進行分析的資料量和分析過程不同而已。

➡ 商業數據分析的特徵

1. 以中量資料到巨量資料（大數據）為分析對象。
2. 必須有分析工具。
3. 將資料視覺化，讓人們容易理解實際狀況。

單一部門只有中等程度的資料量，但如果以全公司或社群網站等為單位，便有為數龐大的資料，也就是大數據。

請先有這樣的認知：你要以 **Excel 處理的資料，從少量到海量都有**，其中甚至有所謂的非結構化資料。然而，你有 Excel 這項武器，不論是什麼樣的資料，應該都能克服。

工作上要處理的資料有很多種

以資料量來分類

- 巨量資料（大數據）
- 中量資料

以資料結構來分類

- 結構化資料
- 半結構化資料
- 非結構化資料

以資料種類來分類

- 數值資料
- 文字資料
- 聲音資料
- 其他（照片等）

第**1**章

第**2**章

第**3**章

第**4**章

第**5**章

4 連推特、臉書上沒秩序的發文，也能進行分析

前一節從「處理什麼資料」的角度，說明資料分析和商業數據分析的差異，這裡則把焦點放在資料本身，進一步具體說明「何謂資料」。

資料的定義是：將資訊以適合傳達、解釋或處理的形式呈現，並使其能再度作為資訊解釋。不過，最近出現不符合上述定義的內容。

資料種類

- 結構化資料。
- 半結構化資料。
- 非結構化資料。

結構化資料是我們在工作上最常處理的資料，資料庫或 Excel 等資料也屬於此類。

許多公司為了了解在社群網站上，人們對自家公司有何評價，會針對社群網站的資料進行分析。這種社群網站（例如推特）的發文，便屬於非結構化資料。我們可以根據這些發文，以單字為切入點，來分析這是一篇友善（正面）的發文，還是不懷好意（負面）的發文。至於半結構化資料，是指像 XML 或 RFID 等標籤資料。對公司或組織來說，這些也是很重要的資料。

🔜 資料定義

> 「將資訊以適合傳達、解釋或處理的形式呈現，並使其能再度作為資訊解釋。」
>
> 出自：日本工業規格的「X0001資訊處理用語：基本用語」

🔜 資料種類

資料種類	定義	實例
結構化資料	結構主要受到關聯式資料庫（RDB）等資料庫規定的資料	SQL Server、Oracle、 Excel 、Access等
半結構化資料	有某種程度的結構，但也包含不規則的資料	XML、感測器或 RFID晶片等資料
非結構化資料	沒有秩序。無法以資料庫（DB）或應用程式解讀的資料	社群網站的文字、音樂、小說等文書

第**1**章

第**2**章

第**3**章

第**4**章

第**5**章

5 解讀營收、顧客、存貨、促銷等資料，做決策更精準

從第 177 頁的第 5 章「實戰演練：用 Excel 分析導出結論、做出決策」開始，將藉由實際練習來學習商業數據分析。這裡先看看什麼是商業數據分析，以及商業數據分析的全貌。

大致上來說，商業數據分析包含營收分析、獲利分析、進貨分析、社群網站分析等，根據部門或分析內容，有各種不同的種類（請見右頁一覽表）。

除此之外，分析還有很多種類。即便資料很少，只要利用商業數據客觀地掌握狀況，進而影響決策，就可說是一種商業數據分析。

雖然很難一次學會這些分析的內容，但如果能逐一學會，不僅可以提高工作效率，周遭對你的評價也會跟著提升。因此，各位不要心急，請踏實地學習。

商業數據分析一覽表

部門	分析內容
業務相關	營收分析
	獲利分析
	顧客分析
	伙伴分析
	產品分析
採購、生產相關	進貨分析
	存貨分析
	需求分析
行銷相關	網頁分析
	社群網站分析
	促銷活動分析
經營企劃相關	營收、預算分析
	事業計畫

第 **1** 章

第 **2** 章

第 **3** 章

第 **4** 章

第 **5** 章

6

不必研讀艱深的統計學，只要會用 Excel 做分析就行

　　有些人或許受到「資料分析」這個名詞的影響，會產生這樣的疑問：「想進行資料分析和商業數據分析，是不是必須具備統計知識？」

　　針對這種疑問，最適當的回答應該是：「有統計知識當然很好，但這並非必要條件。」根據我的經驗，稍微學習一點統計基礎知識，例如：平均數、中位數、變異數、標準差、迴歸分析，對商業數據分析很有幫助。

　　此外，公司或組織的商業數據，會隨著時間或狀況的變化而改變。在這種變動的情況下，更正確的資料分析方法是貝氏分析。微軟公司將貝氏分析運用在經營上，使其為人所知。另外，它也用來精準地發送電子報，或阻擋垃圾郵件等。

　　除了具備統計知識，還要熟悉實務作業，學會實務上必備的知識，並且培養英語等外語能力。當你還是新人時，便要思考未來 3 至 5 年的規劃，積極求知，提升自己的層次。

為了 5 年後的自己，要逐步學習知識

應該學習的知識

平均數、中位數、變異數、標準差、迴歸分析等統計知識

5 年後

現在

7

製作 Excel 資料，能同時達成個人和團隊的目標

在公司或組織裡，一天又一天完成工作，會累積相當數量和種類的資料。我們要根據這些數據資料，運用格式製作出容易理解的 Excel 資料。

- 資料分析不單單是把數字化為圖表。
- 資料分析只是手段而非目的。

你的工作目標可能和主管或團隊的目標不同。比方說，你所屬的團隊必須決定下一季的主打商品。這是主管和團隊的目標。因此，你被要求製作 Excel 資料，以此呈現過去 3 年各項商品的營收與獲利。

這時，你的目標是製作這份 Excel 資料。然而，你也是團隊的一員，必須兼顧自己和團隊的目標。當然，團隊目標的責任是由主管承擔，不過你要謹記，自己和團隊的目標必須同時達成。

商業數據分析的步驟與目的

❶ 我用 Excel 製作出各項商品的營收與獲利資料！我在既定格式內加入圖表，讓資料更容易閱讀。

→到此為止，只是蒐集資料並加工而已。這是過程而非目的。

❷ 我已經把資料交給主管，並和團隊成員共享！

→這或許是你自己的工作目標，但其實也只是過程，並非真正的目標。

最終目標

利用製作的資料，由主管召開團隊會議，並由全體成員一起決定下一季的主打商品。

第**1**章

第**2**章

第**3**章

第**4**章

第**5**章

8

分析不能脫離現實！
得考量實際工作流程

　　雖然說用 Excel 進行商業數據分析，但這件事不能與實際工作分開，兩者有著極為密切的關聯。數據資料是由許多人努力工作的成果所累積。

　　在電腦上用 Excel 進行分析的人，可能不了解現場的狀況。即使你能像變魔術般地處理數據資料，缺乏現場力便無法驗證假設。所以，分析時必須將資料背後的現實工作，一併納入考量。

　　工作的核心內容和流程不僅因部門而異，也會因組織大小或型態，例如：小型企業、個人商店、非營利組織等，以及各自立場（例如：社長、新人等）而有不同。

　　不過，商業數據分析的流程幾乎都一樣。「蒐集資料 → 加工 → 分析 → 解讀 → 擬定假設 → 驗證假設 → 建立模型」這樣的流程，幾乎適用於任何工作。重點在於，使用的資料和分析腳本會因工作而異。

　　從下一節開始，將說明商業數據分析的詳細流程。

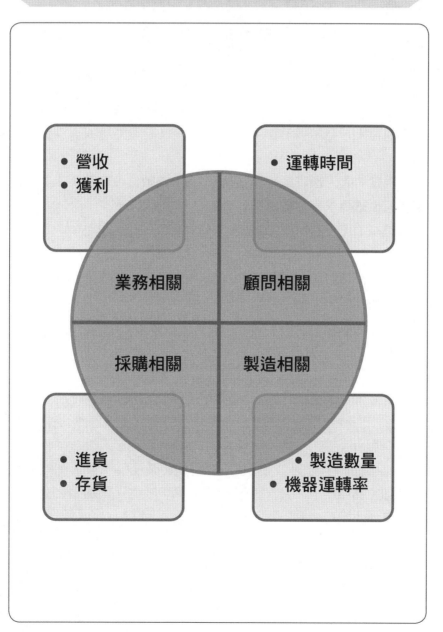

數據資料是現場工作的累積

- 營收
- 獲利

- 運轉時間

業務相關　顧問相關

採購相關　製造相關

- 進貨
- 存貨

- 製造數量
- 機器運轉率

第**1**章

第**2**章

第**3**章

第**4**章

第**5**章

9 想用分析找出解決方案，必須具備 3 種能力

你進入公司或組織後，身邊充滿各種數據資料。分析資料、找出問題點，且尋找解決方案，並非只是管理階層或資深員工的工作。

現在，人人都可以輕鬆運用 Excel 或數位資料分析工具，即便新人也被要求善用數據資料，使工作順利進行。

想在工作上活用商業數據，必須具備以下 3 種能力：

第 1 種能力：準備資料。

第 2 種能力：加工資料。

第 3 種能力：分析資料。

只要具備這 3 種能力，就可以進行商業數據分析。

準備資料是指，準備分析銷售趨勢或獲利率等時需要的資料。加工資料是指將資料加工成視覺化形式。分析資料是指分析製作的表格，導出可作為決策參考的結論。

如果你的目標是成為資料分析師或資料科學家，則門檻更高，必須具備統計、IT、業務洞察力和現場力，但這些都是努力便能學會的技巧。

以 3 種能力來分析商業數據

第 1 種能力　準備資料

準備需要的資料

第 2 種能力　加工資料

將資料加工為視覺化形式

第 3 種能力　分析資料

從加工的圖表，
導出可作為決策參考的結論

第**1**章

第**2**章

3章

第**4**章

5章

10 掌握商業數據分析的精髓
從提見解、訂假設到做驗證，多操作流程才能熟練

上一節說明商業數據分析必備的 3 種能力，本節將說明商業數據分析的流程。

商業數據分析的原意，是充分運用統計知識、IT 技術、業務洞察力及現場力，發現任何有助於公司成長或組織發展的見解。這一點請各位牢記在心。

接著，根據資料分析獲得的見解擬定假設，也很重要。若只停留在發現見解的階段，等於什麼都沒做。最後，還要在現場驗證假設。

這一連串流程的第一步，是用 Excel 進行商業數據分析。請各位學會使用這項工具。而且，務必多加練習。**只要資料加工和分析的方向正確，分析次數越多，越能掌握箇中要領**，進而熟能生巧。

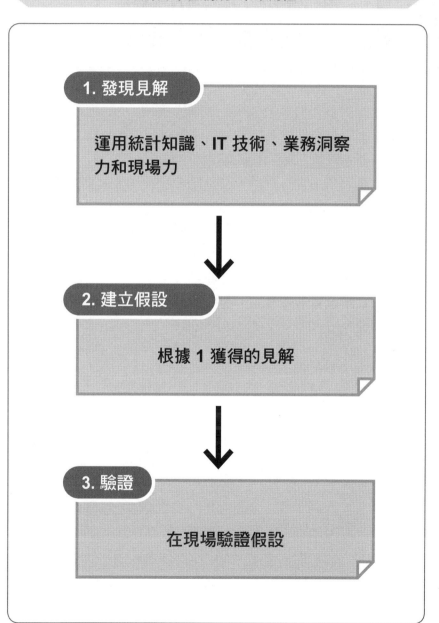

何謂商業數據分析的流程？

1. 發現見解

運用統計知識、**IT** 技術、業務洞察力和現場力

2. 建立假設

根據 **1** 獲得的見解

3. 驗證

在現場驗證假設

第**1**章

第**2**章

第**3**章

第**4**章

第**5**章

11

如何提升分析效率？
先確認目的再動手

　　若要根據資料分析獲得的見解擬定假設，在進入分析作業前，應當先確認一件重要的事。這件事與前文提到的工作流程有關，就是要弄清楚「為什麼要進行商業數據分析」。

　　即便是因為主管的命令，也要養成習慣，向主管請教做這件事的目的。

　　舉例來說，分析銷售相關資料，可能是為了檢視銷售金額變化、獲利率或銷售量等，要準備的資料、要製作的 Excel 資料或圖表等，都會隨著目的而有所差異。

　　我們之所以會浪費時間，很多時候是因為目的不明確，因此只要弄清楚分析目的，效率自然提升。

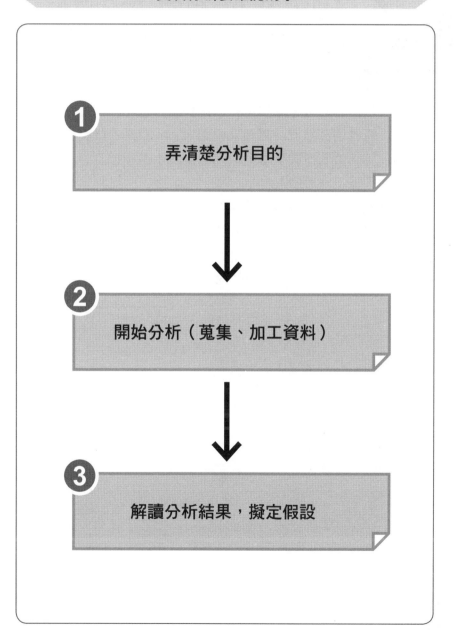

資料分析要確認的事

1 弄清楚分析目的

2 開始分析（蒐集、加工資料）

3 解讀分析結果，擬定假設

第 **1** 章

第 **2** 章

第 **3** 章

第 **4** 章

第 **5** 章

035

12

五花八門的資料得驗證是否合邏輯，再擬定分析腳本

　　確認分析目的後，蒐集需要的資料。等蒐集到一定程度，必須設計「將哪些資料或計算結果視覺化」，或是「什麼才是適當的產出」等。倘若資料不足，則思考要使用哪種推論方法。這便是所謂的「擬定分析腳本」。

　　蒐集資料時，必須逐一驗證資料型態、取得時間、取得方法、數值等。換句話說，就是驗證這些資訊是否適合分析。

　　在執行這個流程時，要特別留意，有些資料不能用相同的標準來比較。進行商業數據分析的內容，必須禁得起邏輯驗證。

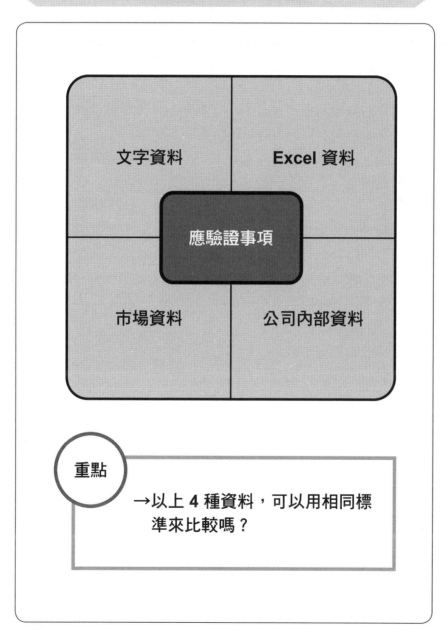

確認驗證目標和資料型態

文字資料

Excel 資料

應驗證事項

市場資料

公司內部資料

重點

→以上 4 種資料，可以用相同標
　準來比較嗎？

第1章

第2章

第3章

第4章

第5章

13

資料會不斷變動，商業分析需要建立良好循環

商業數據分析很少只分析一次就結束，大多數都會隨著時間而加入新資料來進行，並且不斷重複這個流程。

此外，還會模擬已完成驗證的假設，依此建立模型。然後，再次蒐集資料，重複「分析 → 擬定假設 → 驗證 → 建立模型」的循環。

無論是假設還是模型，都不是動態的，只代表某個時間點的狀況，若採用貝氏分析，且經常回饋資料時則另當別論。

換句話說，昨天建立的模型，今天不見得有效，因此每隔一段時間便蒐集、分析新資料，是非常重要的。

資料會持續變動，所以必須經常蒐集並分析

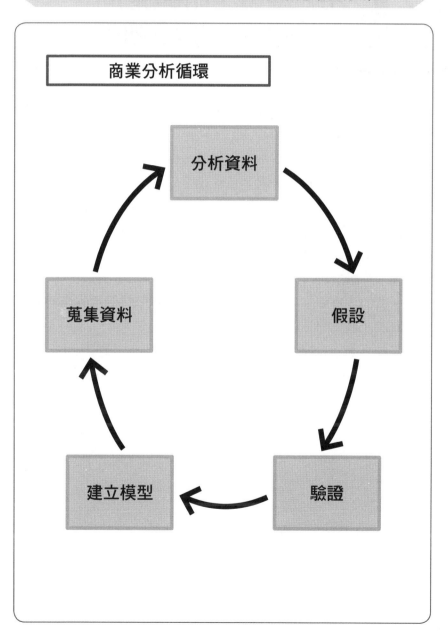

商業分析循環

分析資料

假設

蒐集資料

驗證

建立模型

第**1**章

第**2**章

第**3**章

第**4**章

第**5**章

14

用「鳥眼」俯瞰全局，用「蟻眼」檢視細節

　　這一節跳脫「活用 Excel」的角度，說明進行商業數據分析時的重要觀點。

　　當資料量變多時，資料會呈現層級結構。這裡以某超市的營收為例。從地區的角度來看，首先是全日本的營收，其次是關東和關西地區的營收，然後是都道府縣、市各店鋪的營收。

　　由龐大資料深入到細部資料，稱為「向下鑽研」（Drill down）。相反地，由細部資料向上匯總至龐大資料，則稱為「向上收攏」（Drill up）。

　　所謂的「鳥眼」，是指透過俯瞰，理解所有使用的資料處於什麼狀況，屬於向下鑽研的分析。

　　同時，仔細檢視每一筆資料也很重要，這是所謂的「蟻眼」。此時，要抱持「不放過任何細節」的心態進行分析。

「鳥眼」就是向下鑽研，「蟻眼」則是分析

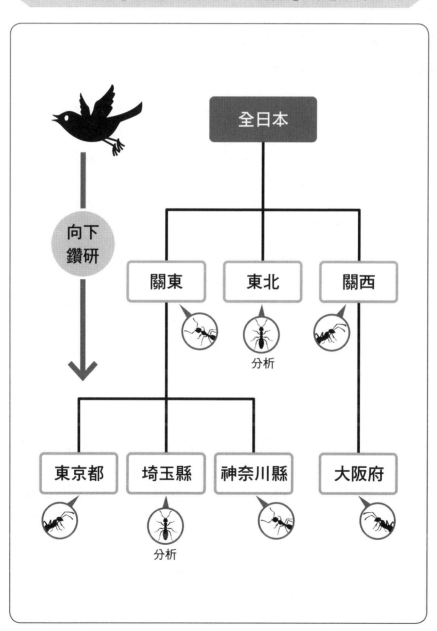

15

擬定假設，要同時思考「相關關係」和「因果關係」

前文多次提到，在分析商業數據時，「假設」十分重要。

擬定假設時的重點在於，從相關關係和因果關係這 2 個角度來思考。在習慣用 Excel 分析資料，也會進行統計分析之後，因為常接觸到相關關係，很容易只考慮相關關係。我再次重申，想獲得見解並擬定有效的假設，一定要同時考慮相關關係和因果關係。

因果關係是指「因為 A 事件而引發 B 事件」，也就是原因與結果的關係。即使事件數量多也無妨。

相關關係則是指 2 個數值的其中一個改變，另一個跟著改變。若一個數值增加（減少），另一個也增加（減少），兩者為「正相關」。若一個數值增加（減少），另一個卻減少（增加），兩者為「負相關」。

相關關係除了有和沒有之外，還能呈現關係的強弱。關係強弱以相關係數來表示，取 -1 至 1 之間的實數值，沒有單位。當相關係數趨近於 1 時，我們會說「2 個隨機變數為正相關」，而趨近於 -1 時，則會說「負相關」。

相關關係可以用統計手法導出，但因果關係很難以數值表示。然而，**只有相關關係，往往無法擬定假設或形成見解，必須一併考慮因果關係。**

導出因果關係的思考流程

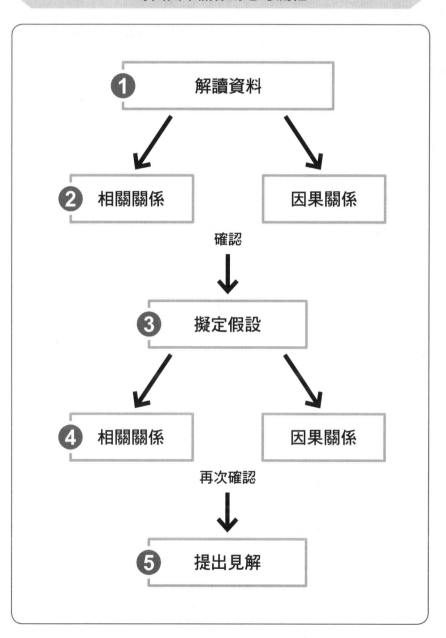

16 學會商業分析思考法

【案例】用 Excel 分析都市氣溫與月份的相關關係

在此，簡單說明用 Excel 分析相關關係的方法。這時要使用 CORREL 這個函數。以下範例運用的資料，是全球都市氣溫表。

➡ 全球都市氣溫

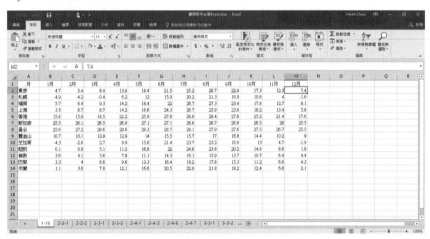

1月和2月氣溫的相關關係＝CORREL（$B$2:$B$14,$C$2:$C$14）

2月和3月的氣溫相關關係＝CORREL（$C$2:$C$14,$D$2:$D$14）

以此類推。

　　上述範例在指定要計算的儲存格時，使用加上「$」的絕對
參照。關於絕對參照的部分，本書將在「記住相對參照與絕對參
照，避免出錯」（140 頁）和 206 頁詳細說明。

月份	1 月	2 月	3 月	4 月
1 月	1			
2 月	0.995	1		
3 月	0.989	0.995	1	
4 月	0.942	0.959	0.974	1

　　全球多個都市氣溫和月份的相關關係分析結果，如同上表所
示。由於相關係數趨近於 1，兩者可說是高度相關。因為是鄰近
月份，氣溫自然很接近，各位可以用其他距離較遠的月份（如2
月和 8 月等），來分析看看。

17 【案例】開學、書包與書桌熱賣，三者有何關係？

前面提過，相關關係可以用統計手法導出，但因果關係很難以數值表示。然而，只有相關關係，往往無法擬定假設或形成見解，必須一併考慮因果關係。

這裡舉個簡單的例子：

- 某家超市的店長發現，當書包的業績成長時，書桌的業績也會跟著成長。→ 相關關係
- 這位店長因此認為，書包賣得好，所以書桌也賣得好。這種想法正確嗎？→ 是否有因果關係？
- 用什麼邏輯去思考才正確？
- 書包的業績和書桌的業績為正相關。
- 因為是開學季，書包和書桌都賣得很好。→ 這是因果關係

在這個例子裡，認為兩者有因果關係是正確的。道理很簡單：因為是開學季，所以書包和書桌都賣得很好。

如果真是如此，學校相關商品應該也會暢銷。因此，可以得出結論：店長應該採取的行動是「強打廣告宣傳」、「增加學校相關商品的庫存」、「分析購買者」。

18

學會商業分析思考法

從分析資料到擬定假設的流程，共有 7 個步驟

　　明確分析現狀和擬定高精度的假設，是進行商業數據分析的目的。具體而言，就是要解讀資料並擬定假設，然後驗證假設是否正確。驗證時，必須在現場實際運用假設，蒐集新資料，並加以分析。之後重複這樣的循環。

　　從分析到擬定假設的過程，可簡化如下：

　　分解資料 → 比較 → 轉化為圖表 → 解讀資料 → 思考從哪裡著手 → 獲得見解 → 擬定假設

　　以下將這個流程套用在具體案例上。

> 　　從銷售成績表中區分銷售金額和銷售量 → 比較過去 3 至 5 年的銷售金額 → 轉化為圖表 → 從資料解讀趨勢 → 考慮資料以外的要素 → 思考以獲得見解 → 試著擬定假設 → 在現場實際運用假設 → 下個月之後，蒐集銷售資料，再次進行分析 → 驗證假設是否正確

　　這個案例不好的地方在於，只比較過去 3 至 5 年的營收，導出成長率，然後就結束了。

　　為了不讓主管質疑「然後呢」，請仔細遵循上述分析流程。

第**1**章

第**2**章

第**3**章

第**4**章

第**5**章

第2章

Excel 高手
都知道的 5 個技巧，
你怎麼能不會！

 內容

● 只有 10% 的人做得出的完美表格，
　一次教給你。

1

資料大家都看得懂才有用！
符合「3S 原則」是王道

在工作場合，經常聽到這樣的感想：「部屬或其他人製作的 Excel 圖表很難懂，常要花很多時間理解。」這句話裡的「部屬或其他人」，其實指的就是你。

在工作上使用 Excel 時，幾乎都已經確定要將資料交給誰，例如：「交給主管」、「在會議上發給出席者」等等。換句話說，製表人（以這個例子來說，就是你）和閱讀資料的人（主管、會議出席者）是不一樣的。

你提出的資料，要讓閱讀的人在短時間內正確理解。因此，必須站在對方的立場來製作。

你明明是要交給主管或是在會議上發給出席者，**卻只有自己看得懂，這種 Excel 資料只會造成大家的困擾**，而且時間一久，連你自己都看不懂。

要盡可能使用簡單的方法，直接運用數據資料或公式，當個聰明的製表人。

我將這個製表原則稱為「３Ｓ」，也就是以「簡單」（Simple）、「直觀」（Straight）、「聰明」（Smart）這 3 個字的第一個字母來命名。只要將 3S 原則牢記在心，自然能製作出人人都看得懂的資料。

以製作出符合「3S 原則」的 Excel 圖表為目標

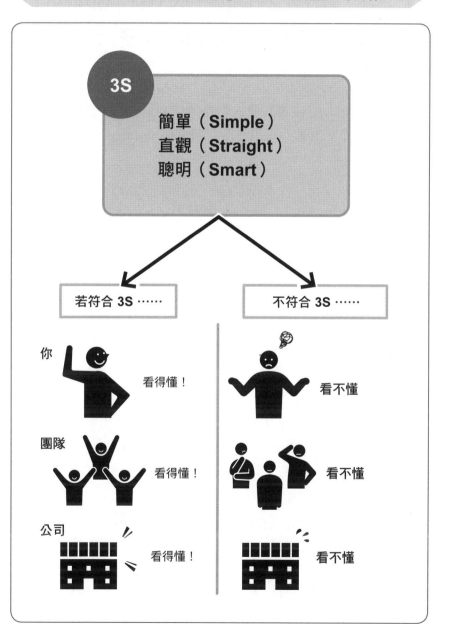

2 易懂易讀的表格，都是在行列、字型及數字下工夫

　　為了解決「部屬或其他人製作的 **Excel** 圖表很難懂」的問題，要在格式下工夫。應事先設定要使用的 Excel 格式，並注意以下 4 點：

1. 使用容易閱讀、可憑直覺理解的格式。
2. 至少團隊的所有成員要共享該格式。
3. 變更格式時，要先知會所有人。
4. 設定 Excel 檔的儲存位置和管理者。

　　請看右頁的 2 張表格。上表列高為 18，下表列高為 10.5。各位可以發現，光是列高的差異，就會對閱讀造成影響。

➡ 容易閱讀的格式，有 3 大重點

1. 設定列高，不可以讓文字和數字超出欄寬。字數較多時，應設定字數上限，並設定自動換列等。若使用標準字型大小「11」，最佳列高為「18」。
2. 字型應該依照中文字和英數字分別設定。一般來說，Windows 的新細明體、Mac 的 Hiragino 體，是公認最容易閱讀的字型。不過，請多方嘗試，使用你和組織成員覺得容易閱讀的字型。
3. 是否用逗點隔開數字、是否加入貨幣單位、小數點後要取幾位，以及文字和數字的對齊方式是「向左對齊」或「向右對齊」等，都要統一。

列高「18」時

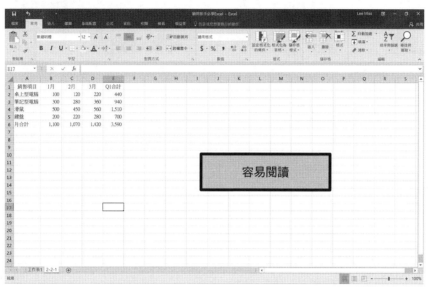

列高「10.5」時

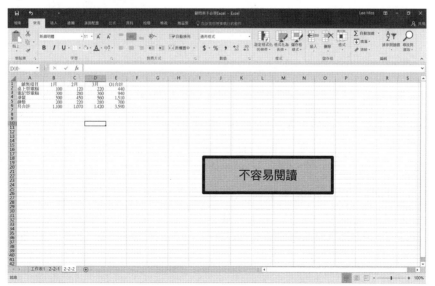

3 活用色彩能讓資料更有看頭，該注意哪些重點？

只有 **10%** 的人做得出的完美表格，一次教給你

Excel 可以改變背景和文字的色彩，請在考慮易讀性、辨識度後有效活用。

⇨ 背景顏色

1. 原則為淺色。
2. 可以讓你和團隊心情愉悅的顏色。
3. 如果有公司代表色，也可以使用。

使用深色，可能會導致關鍵數字看不清楚，應盡量避免。

⇨ 數字與文字的色彩

Excel 表中顯示的數字有 3 種，文字有 1 種：

1. 純手動輸入的數字。
2. 用公式或函數算出來的數字結果。
3. 參照其他 Excel 工作表的數字。

此外，**請勿將純手動輸入的數字和混合公式或函數的數字，放在同一個儲存格裡**，以免之後搞不清楚，當初是怎麼製作這些資料。

將這 3 種數字與文字分別使用不同的色彩，便很容易了解，因此在設定格式時，一定要讓所有成員都明白色彩的定義。

在背景顏色下工夫

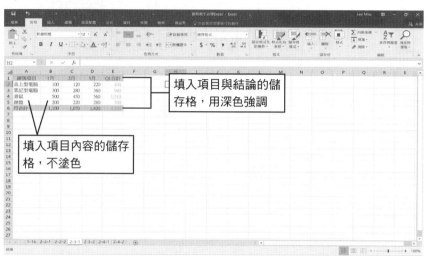

填入項目與結論的儲存格，用深色強調

填入項目內容的儲存格，不塗色

在數字或文字色彩下工夫

銷售項目	1月	2月	3月	Q1合計
桌上型電腦	100	120	220	440
筆記型電腦	300	280	360	940
滑鼠	500	450	560	1,510
鍵盤	200	220	280	700
月合計	1,100	1,070	1,420	3,590

改變顏色

用「B」（粗體）

第1章

第2章

第3章

第4章

第5章

4

只有 **10%** 的人做得出的完美表格，一次教給你

【練習】針對 4 項產品，製作 3 個月的營收表

這一節介紹具體的使用方法。如果能一邊閱讀本書，一邊實際操作，應該更容易理解，也可加快學習速度。

接下來，我們練習看看。要製作的表格內容如下：

- 輸入 1 至 3 月的桌上型電腦、筆記型電腦、滑鼠、鍵盤的營收。
- 製作容易閱讀的表格（變更列高和欄寬、字型與色彩）。

雖然只是 4 項產品 3 個月的營收表，卻包含 Excel 的基本操作。

後面還會出現函數和不同工作表的計算公式等，不過這裡說明的是所有操作的基礎，請務必確實掌握。當然，覺得「這些我早就知道」的人，也可以跳過不看。

事前準備　依照「①檔案 → ②新增 → ③空白活頁簿」的順序開啟新檔。

步驟 1　輸入文字

　　①在 A1 欄輸入「銷售項目」→ 在 B1 欄輸入「1 月」→ 在 C1 欄輸入「2 月」→ 在 D1 欄輸入「3 月」→ 在 E1 欄輸入「Q1 合計」。

　　②在 A2 欄輸入「桌上型電腦」→ 在 A3 欄輸入「筆記型電腦」→ 在 A4 欄輸入「滑鼠」→ 在 A5 欄輸入「鍵盤」→ 在 A6 欄輸入「月合計」。

	A	B	C	D	E
1	銷售項目	1月	2月	3月	Q1合計
2	桌上型電腦				
3	筆記型電腦				
4	滑鼠				
5	鍵盤				
6	月合計				

①　②

步驟 2　整理成表格

① 選擇第 1 行至第 6 行 → 按滑鼠右鍵 → 選擇列高 → 輸入「18」。

② 選擇 A 行至E行 → 在「常用」頁籤的「格式」區中，選擇「自動調整欄寬」。

③ 選擇 A1 欄至 E6 欄 → 在「常用」頁籤的「字型」區中，選擇框線，然後再選擇「所有框線」。

	A	B	C	D	E
1	銷售項目	1月	2月	3月	Q1合計
2	桌上型電腦				
3	筆記型電腦				
4	滑鼠				
5	鍵盤				
6	月合計				

步驟 3　用四則運算輸入計算公式

① 在 E2 欄輸入「＝B2＋C2＋D2」；或者在 E2 欄輸入「＝」，再點選要加總的欄位，並輸入「＋」。以這個範例來說，先輸入「B2＋C2＋D2」，然後在 E3 欄至 E5 欄重複同樣的操作。

第1章

第2章

第3章

第4章

第5章

057

② 在 B6 欄輸入由 B2 欄加總至 B5 欄的公式，接著在 C6 欄和 D6 欄重複同樣的操作。

（附註：在行或列進行相同計算時，例如：在「Q1 合計」行，桌上型電腦的合計便是由 B2 欄加總至 D2 欄，筆記型電腦的合計則是由 B3 欄加總至 D3 欄。此時，複製欄位的功能很方便，只要選擇已經輸入計算公式的 E2 欄，在「常用」頁籤點選「複製」，或是按滑鼠右鍵並選擇複製。不用滑鼠，也可使用鍵盤的「Ctrl＋C」指令。接下來，選擇 E3 欄至 E5 欄並按「貼上」，便能輕鬆完成輸入公式的動作。）

步驟 4　進行總計

總計結果必須在 E6 欄中呈現。請複製 E2 欄並貼至 E6 欄。如此一來，可以將計算 E2 欄至 E5 欄合計的公式輸入 E6 欄。

步驟 5　防止計算錯誤

這裡有方法可以確認，E6 欄的計算結果是否正確。在 E7 欄輸入公式「＝B6＋C6＋D6」，以便在 E7 欄中顯示由 B6 欄加總至 D6 欄的結果。若 E6 欄和 E7 欄出現相同的數值，表示計算結果正確。提出資料前，請記得按 delete 鍵，刪除 E7 欄裡的公式內容。

步驟 6　確認輸入的計算公式

在「公式」頁籤選擇「顯示公式」。

	A	B	C	D	E
	銷售項目	1月	2月	3月	Q1合計
	桌上型電腦				=B2+C2+D2
	筆記型電腦				=B3+C3+D3
	滑鼠				=B4+C4+D4
	鍵盤				=B5+C5+D5
	月合計	=B2+B3+B4+B5	=C2+C3+C4+C5	=D2+D3+D4+D5	=B6+C6+D6

步驟 7　調整字型和色彩

① 選擇 A1 欄至 E1 欄 → 從「常用」頁籤的「字型」區中，叫出調色盤，並選擇喜歡的顏色 → 選擇 A6 欄至 E6 欄 → 從「常用」頁籤的「字型」區中，叫出調色盤，並選擇喜歡的顏色。

② 選擇 A1 欄至 E6 欄 → 在「常用」頁籤的「字型」區中，選擇喜歡的字型（例如：「MS PGothic」）。

最後就完成以下的表格。

	A	B	C	D	E
1	銷售項目	1月	2月	3月	Q1合計
2	桌上型電腦				0
3	筆記型電腦				0
4	滑鼠				0
5	鍵盤				0
6	月合計	0	0	0	0

第1章

第2章

第3章

第4章

第5章

5

共享資料最怕無法讀取，這樣做就萬無一失！

　　表格製作完成後，還有一些事要做。用 Excel 整理好資料後，必須與部門或團隊共享，才能開始進行資料分析。這裡要說明，在開始分析資料前，共享 Excel 資料時要注意哪些事項。

　　大多數公司或組織都會管理 Excel 和作業系統（Windows 或 Mac）的版本，因此所有員工應該都是使用相同版本。這時，在公司或組織內部收發資料不會有問題，問題通常出在將資料寄到外部時。

　　2016 年 11 月，Windows 作業系統和 Excel 的最新版本為 Windows 10 和 Excel 2016。

　　如果寄送 Excel 檔給其他公司的人，原則上不要直接寄出檔案，而要採取「轉成 PDF 檔再寄出」、「將重要部分貼在 Word 檔裡再寄出」等方法。如此一來，即使收件人使用的版本不同，也能順利收發資料。

　　無論如何都必須寄出 Excel 檔時，要先向對方確認他使用的版本。若版本不同，要將檔案轉存為較舊的版本。

寄送 Excel 檔時，要注意版本

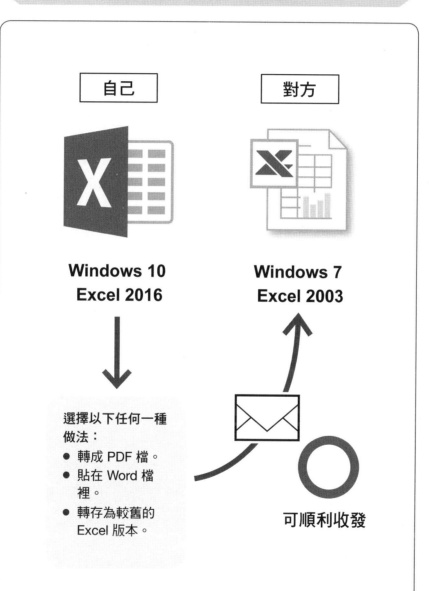

第3章

製作會說故事的
Excel 圖表，
最有說服力

🔍內容

● 資料必須視覺化。
● 資料製作成表格。
● 資料轉化為圖表。

1

資料不僅要方便閱讀，
更要容易理解

前文已說明，在進行商業數據分析時，要先設定格式，再依此製作並分享 Excel 資料，這個流程非常重要。接下來，解說如何製作格式。

在工作場合，這些資料必須提交給自己以外的人，例如：主管、同事、其他部門、往來客戶或合作伙伴等。**提交資料的目的不光是給別人看，而是要使人理解，並進一步採取行動。**因此，要使用圖表，以及以資料視覺化工具製作的儀表板。

近幾年，運用儀表板的方法越來越普遍，甚至可以說「**格式＝儀表板**」。

本章將說明，如何把資料變成 Excel 格式、製作與使用表格、繪製與使用圖表、製作儀表板等，而且針對資料視覺化工具，說明 2016 年 11 月可免費使用的 Microsoft Power BI 的基本操作方法。

資料視覺化的目的是讓人理解

2

確認資料檔案的格式，再轉入 Excel

你若是新進員工，一開始必須準備資料，並將它們整理成 Excel 格式。

進入公司或組織後，身邊便充滿各種數據資料。當你想了解一些事，例如：部門最近 3 年的營收與獲利狀況，得先準備需要的數據資料，再將這些資料加工，最後才是分析資料。

在大多數企業或組織裡，數位資料有以下 3 種格式：

1. 原本就是 Excel 檔。
2. 儲存在 SQL Server 或 Oracle 等 RDBMS（Relational Database Management System，關聯式資料庫管理系統）的資料。
3. 包含字串和數值的文件。

你必須依照符合各種資料格式的方法，將資料匯入 Excel。

下一節將詳細說明如何移動資料。

找出資料的必備要素，並整理成 Excel

資料的必備要素

- **Excel 檔**

- **資料庫**

- **各種文件檔案**

整理成
Excel

銷售項目	1月	2月	3月	Q1合計
桌上型電腦				0
筆記型電腦				0
滑鼠				0
鍵盤				0
月合計	0	0	0	0

第**1**章

第**2**章

第**3**章

第**4**章

第**5**章

3

將資料轉入 Excel，
有 2 種方法

上一節說明製作資料時需要的數據資料，本節則說明，如何把準備好的資料移動到 Excel 工作表中。

要將資料移動到 Excel 工作表裡，有以下 2 種方法：

1. 利用移動或複製的功能。

2. 用記事本軟體叫出 **CSV** 等文字檔中的資料，再匯入（讀取）資料。

➡ 從檔案匯入資料

在「資料」頁籤的功能區中，選擇「取得資料」（資料查詢或要求）。點選後，會出現「從資料庫」等選項，請根據自己需要的資料選擇檔案種類，以取得資料。

移動或複製

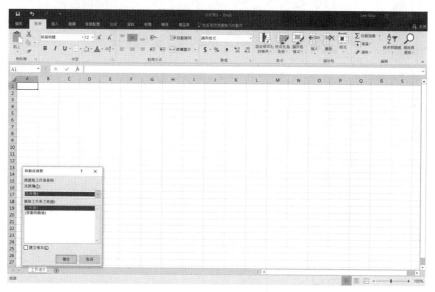

從資料庫取得資料，再匯入（讀取）資料

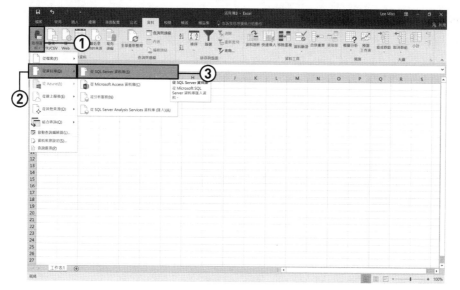

4

取得 CSV 檔的資料時，該如何匯入 Excel？

前面提過，我們可以把外部資料匯入 Excel。這個步驟稱為「匯入（讀取）資料」。本節將針對較常使用的 CSV 檔匯入步驟進行說明。

在工作場合，資料往來很頻繁。比方說，從 Microsoft SQL Server 等資料庫，擷取需要的數據資料，然後存成 CSV 檔。「我傳 CSV 檔給你好嗎？」這樣的情況，其實很常見。

取得 CSV 這種文字檔時，必須把資料匯入 Excel，所以要先學會怎麼操作。

➡️ 匯入外部資料（CSV 檔）的步驟

步驟 1　從功能區中「取得資料」的下拉選單，選擇「從檔案」，再選擇「從文字／CSV」。

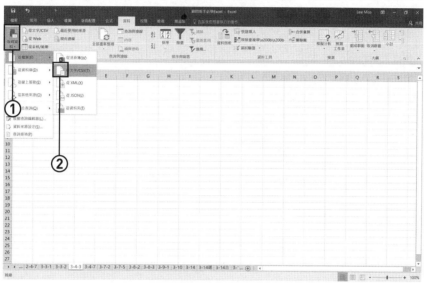

步驟 2　選擇要匯入的文字檔。

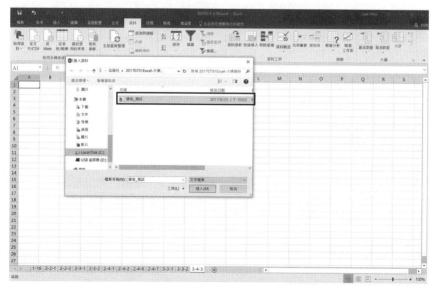

步驟 3 選擇文字檔後，會出現「資料剖析精靈」。選擇下圖中的①，然後按「下一步」。

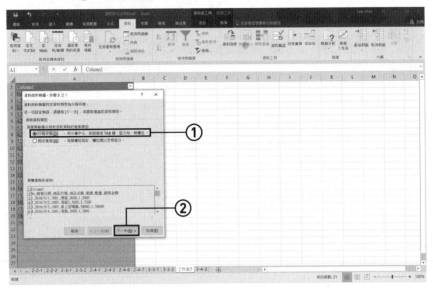

步驟 4 如果原始的 CSV 檔以逗號來區隔欄位，但分隔符號指定為「Tab 鍵」，所有資料都會顯示在同一欄。

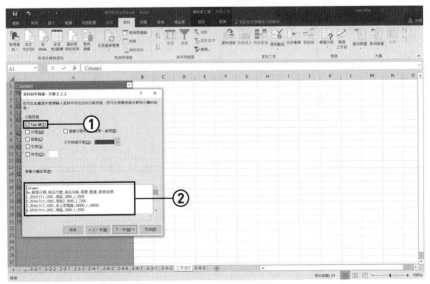

步驟 5　指定欄位的分隔符號，勾選「逗點」，然後按「下一步」。

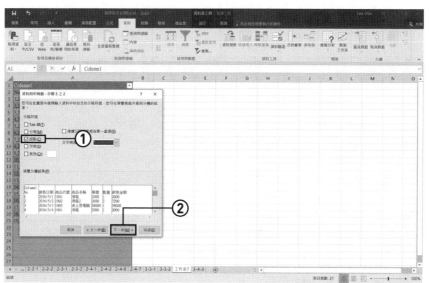

步驟 6 確認欄位的資料格式。若 CSV 檔裡的數值有 12 位數以
上，便無法在 Excel 中正確顯示。不過，大多數情況都
可以用「一般（G）」來因應。點選「一般（G）」後，
再按「完成」。

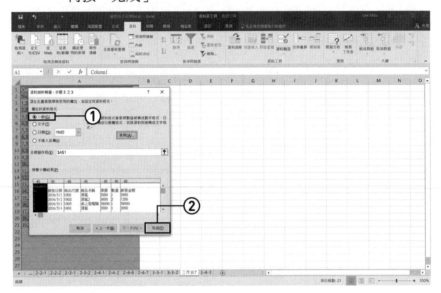

這樣就完成資料的匯入和顯示。

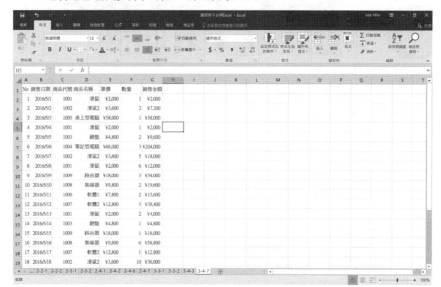

第1章

第2章

第3章

第4章

第5章

5 懂得運用「樞紐分析表」，處理大量資料也不怕

資料製作成表格

樞紐分析表可以統計、分析大量資料，是進行商業數據分析時不可缺少的 Excel 功能。

樞紐分析表和後面將要說明的交叉分析表（94、95 頁）有關，是極為重要的功能，接下來將仔細說明。

樞紐分析表可以做什麼？

1. 讓統計資料變得更簡單。
2. 依欄位擷取資料。
3. 分析資料。
4. 處理多張表格。
5. 向下鑽研資料。

這裡從資料分析的角度，來說明樞紐分析表的使用方法。

使用樞紐分析表有 4 個步驟。首先製作資料分析基礎的表格，接著將資料輸入表格，並將資料匯入樞紐分析表。然後統計或擷取資料，最後再分析製作完成的資料，依此導出結論。

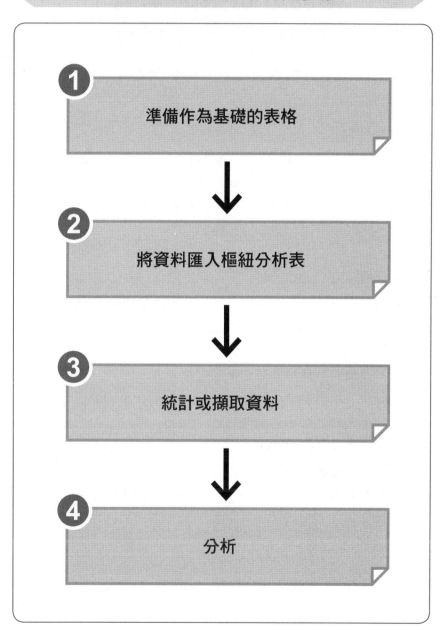

利用樞紐分析表分析資料的步驟

1 準備作為基礎的表格

2 將資料匯入樞紐分析表

3 統計或擷取資料

4 分析

第**1**章

第**2**章

第**3**章

第**4**章

第**5**章

6 樞紐分析表的準備① 讀取資料有 3 原則

⇨ 準備資料

將資料讀入樞紐分析表後，就變為 Excel 表。若原始資料是 CSV 檔等外部資料時，便要先匯入 Excel。

右頁「準備資料的 3 大原則」，便是準備 Excel 表時的重點。這些原則並不難，請牢記並熟悉它們。

⇨ 準備資料的 3 大原則

1.每一欄都加上不同的項目名稱，不要多欄共用相同的名稱

如果不同欄位共用相同的名稱，就無法進行統計，因此必須使用不同的欄位名稱。

2.不要讓同類資料分散在多個欄位

統計、分析資料時，如果同類資料分散在不同欄位，將造成混亂，因此要將同類資料彙整在同一欄裡。舉例來說，避免不同欄位中都有商品名稱的狀況。

3.製作基礎表格

將資料製作成基礎表格，並加上容易理解的名稱。如此一來，後續處理便不會造成混亂。至於製作基礎表格的方式，後面將再做說明。

準備資料的 3 大原則

每一欄都加上不同的名稱

將同類資料彙整在同一欄裡

製作成基礎表格

7 樞紐分析表的準備②
製作表格有 3 步驟

資料製作成表格

要在樞紐分析表裡辨別表中的資料，必須為表格命名。為了使資料處理更順利，得先將資料製作成基礎表格，再加上容易辨別的名稱。製作基礎表格的步驟很簡單，請務必牢記。

製作基礎表格前，請確認欄位名稱沒有重複。此外，要確認沒有同類資料分散在不同的欄位。

這裡使用的資料是簡單的營收表。盡可能先用簡單的內容讓自己熟悉如何製表，以便後續應用。

No	銷售日期	商品代號	商品名稱	單價	數量	銷售金額
1	2016/5/1	1001	滑鼠	￥2,000	1	￥2,000
2	2016/5/2	1002	滑鼠2	￥3,600	2	￥7,200
3	2016/5/3	1005	桌上型電腦	￥58,000	1	￥58,000
4	2016/5/4	1001	滑鼠	￥2,000	1	￥2,000
5	2016/5/5	1003	鍵盤	￥4,800	2	￥9,600
6	2016/5/6	1004	筆記型電腦	￥68,000	3	￥204,000
7	2016/5/7	1002	滑鼠2	￥3,600	5	￥18,000
8	2016/5/8	1001	滑鼠	￥2,000	6	￥12,000

上表是原始資料，表中只顯示到 No8 為止的資料，若包含標題列在內，共有 30 列。利用商品代號，以 VLOOKUP 函數，從商品主檔讀取商品名稱和單價。商品主檔裡的商品共有 9 種。關於 VLOOKUP 函數的部分，請參閱「搜尋功能與應用：VLOOKUP」（162、163 頁）。

步驟 1　在要製作成基礎表格的資料內，選擇任何一個儲存格。

步驟 2　在功能區中選擇「格式化為表格」，並選擇自己喜歡的
配色。

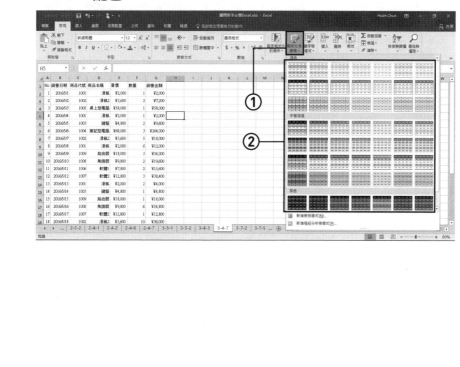

步驟 3 因為軟體會自動指定範圍，可以視需要變更。要確認已勾選「有標題的表格」。一般而言，系統預設為勾選。

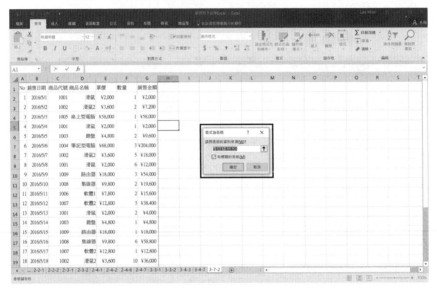

步驟 4 基礎表格製作完成。

步驟 5　最後為表格命名。

功能區左上方將出現「表格名稱」，一般顯示為「表格1」，如果做了好幾次，也可能會顯示為「表格 2」或「表格 3」。要把表格名稱改成容易辨別的名稱，在此將表格命名為「營收表」。

要記住自己取的表格名稱，或是用筆記錄下來，因為表格越來越多時，可能會搞不清楚哪張表格是什麼內容。

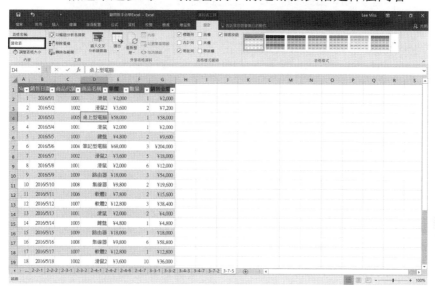

第1章

第2章

第3章

第4章

第5章

083

8

樞紐分析表的製作①
3步驟將表格轉化為資料

接著，製作樞紐分析表。

樞紐分析表的基礎資料就是表格。這裡使用營收表，和上一節製作並命名完成的表格。為了處理表中的資料，必須將這些資料匯入樞紐分析表，再利用樞紐分析表來統計、分析。

因此，可以準備多張作為基礎資料的表格。使用多張表格進行分析時，在右頁的步驟2中，要勾選「新增此資料至資料模型」。

步驟 1　在表格「營收表」內，選擇任何一個儲存格。

步驟 2　在「設計」頁籤選擇「以樞紐分析表摘要」。要分析多張表格時，請勾選「新增此資料至資料模型」。

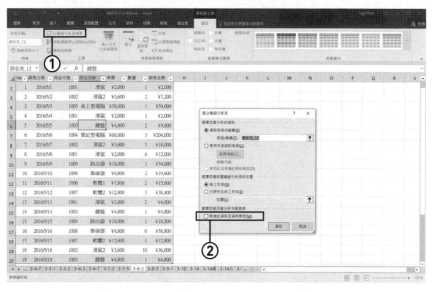

步驟 3　樞紐分析表會製作新的工作表。

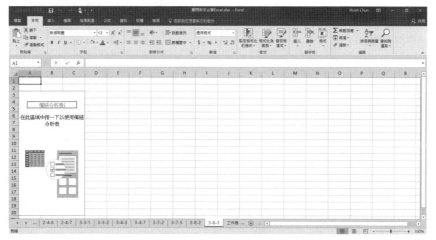

9 資料製作成表格

樞紐分析表的製作②
6 步驟統計商品的營收

現在，要統計每項商品的營收。首先要說明樞紐分析表的欄位。

左側的大區塊顯示結果，可以用來製作表格。右側的「樞紐分析表欄位」則以核取方塊的形式，將資料表裡「標題列」的項目條列出來。右下方有「篩選」、「欄」、「列」、「值」4 個欄位，可以把右上方的項目拖曳到此處，進行各種統計。

步驟 1 勾選或拖曳右側「樞紐分析表欄位」中的「商品名稱」。

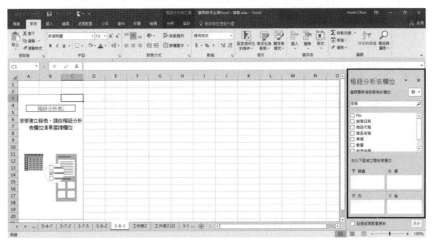

步驟 2 　將「商品名稱」追加到「列」的欄位後，左側將顯示商品名稱。

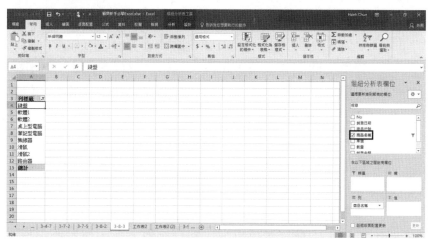

步驟 3 　其次，因為想檢視對應該商品名稱的銷售金額，所以勾選右側的「銷售金額」①。於是，銷售金額被放進右下方「值」的欄位②，樞紐分析表的各項商品名稱旁邊，出現銷售金額③。

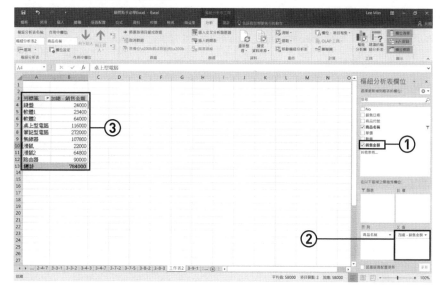

步驟 4 表格製作完成後，整理格式。

對每個儲存格按滑鼠右鍵，將顯示方式統一為「顯示千分位（,）符號」。

要變更欄位名稱時，選擇「分析」頁籤，左上方「作用中欄位」的文字方塊將顯示「加總－銷售金額」。以此為例，假設改為「營業額」。

另外，也可以更改樞紐分析表的名稱，在此改為「銷售金額」。

步驟 5 追加銷售量。勾選右側項目的「數量」①。右下方「值」的欄位裡將出現「加總－數量」，而表格中將新增「加總－數量」的欄位②。

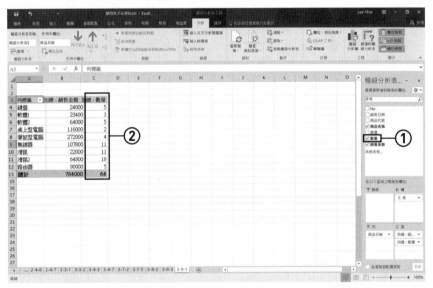

步驟 6 在「作用中欄位」，將「加總－數量」變更為「銷售量」。

商　　品	營業額	銷售量
鍵盤	¥24,000	5
軟體 1	¥23,400	3
軟體 2	¥64,000	5
桌上型電腦	¥116,000	2
筆記型電腦	¥272,000	4
集線器	¥107,800	11
滑鼠	¥22,000	11
滑鼠 2	¥64,800	18
路由器	¥90,000	5
總　　計	**¥784,000**	**64**

步驟 7 若想依照銷售日期來統計，可以使用「篩選」功能。

將銷售日期拖曳到「篩選」的欄位①，即可選擇左上方的「銷售日期」②。系統預設值為勾選全部，但只要點選右上方的按鈕③，就會出現原始資料表的日期總覽④。

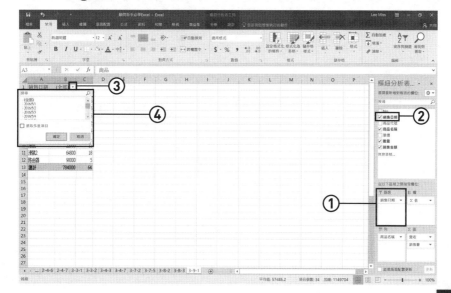

10 樞紐分析表化為圖形更一目瞭然,該怎麼做?

關於樞紐分析表的基本說明,最後要談論樞紐分析圖。

樞紐分析表可以簡單轉化為樞紐分析圖。請善用樞紐分析圖等適當的圖表,製作容易理解的 Excel 資料。其他的圖表功能,將在下一頁以後說明。

說明樞紐分析圖時,會使用前文根據營收表製成的樞紐分析表。這裡則用圖表呈現每個銷售日的營業額。

步驟 1 在工作窗格選項的欄位中,將「銷售日期」、「銷售金額」分別拖曳到「列」、「值」的欄位,並將「商品名稱」拖曳到「篩選」的欄位。

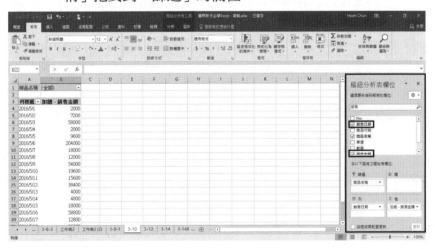

步驟 2　在「分析」頁籤選擇「樞紐分析圖」。

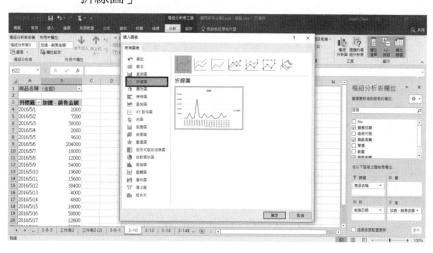

步驟 3　因為想檢視不同銷售日期的銷售金額變化，所以選擇「折線圖」。

如此一來，樞紐分析圖便製作完成。

11 資料轉化為圖表
檢視與繪製圖表，必須留意 4 件事

　　不只在公司或組織裡，在雜誌、報紙或網站上，也經常看到大量的圖表。

　　檢視這些圖表時，應該先檢查刻度。比方說，當 Y 軸有數字時，要先注意這些數字是貨幣或其他單位，以及單位是 1 萬還是100 萬等。

　　其次，大致掌握這張圖表的內容也很重要，例如：這張圖表的目的是什麼、誰是閱讀者、想呈現什麼資料等。

　　用這樣的角度切入時，如果這是一張不合理的圖表，不合理的地方會突顯，看的人自然明白：「這張圖表的這個地方好奇怪啊。」

　　如果事前有這樣的理解，大概可以看出，圖表的作者想表達什麼。

　　大多數圖表可能都是為了掩飾什麼，或是不想讓他人深入追究數字而製作。不過，有的圖表是為了在工作場合使對方相信自己，讓自己看起來更好，所以必須特別留意。反之亦然。

　　因此，利用圖表製作資料時，要弄清楚這份資料是為了誰、要傳達什麼。

檢視或繪製圖表時的 4 大注意事項

1. 留意刻度

2. 掌握這張圖的目的：要表現什麼

3. 大致掌握整體數字

4. 確認有無異常數值

第1章

第2章

第**3**章

第4章

第5章

12 交叉分析表是製作圖表的基礎，出錯就不能轉換

　　所謂的交叉分析表，是指右頁這種在欄位中輸入數字或文字的表格。

　　一般來說，這種表格不容易閱讀，無法憑直覺來理解。然而，在企業或組織裡，有些人很喜歡交叉分析表，因此它是不可缺少的工具。

　　交叉分析表的定義是：將原本用來顯示問卷調查結果的問題項目，分別放在一張表格的表頭和表側，然後在行列交叉的儲存格裡，記錄相應的回答次數或比率。

　　現今以較廣義的解釋，使用像右頁的表格。由於這種交叉分析表是圖表的基礎資料，如果不能製作正確的表格，便無法進一步轉化為圖表。而且，請事先檢查各資料的格式，例如：字串、數值、日期等，必須設定成適當的格式。

　　實際 Excel 上的交叉分析表，如同右頁最上方的表格所示。要製作出這張表格，得經過一定的步驟，例如：將右頁中間的單純統計表，彙整成最下方的交叉分析表。

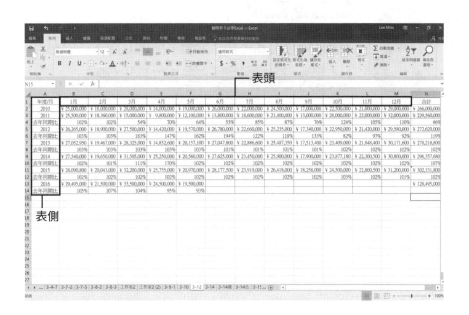

單純統計表

問題 1　請問您吃早餐嗎？

每天	54
一週 2～3 次	18
一週 1 次	14
不吃	14

問題 2　請問您的年齡？

10～19 歲	20
20～29 歲	20
30～39 歲	20
40～49 歲	20
50～59 歲	20

交叉分析表

年齡／早餐	每天	一週 2～3 次	一週 1 次	不吃
10～19 歲	7	6	3	4
20～29 歲	8	2	5	5
30～39 歲	10	5	4	1
40～49 歲	13	4	1	2
50～59 歲	16	1	1	2

第1章

第2章

第3章

第4章

第5章

095

13 繪製圖表時操作細節，可以誘導閱讀者的印象

資料轉化為圖表

　　圖表可以讓人容易理解，但另一方面，也可能用來刻意操作。如果各位實際閱讀圖表，就會明白我的意思。同樣的數據畫成 2 張圖表，雖然數字並未造假，但給人的印象不同，使閱讀者產生「誤解」和「不會誤解」2 種完全相反的結果。

　　右頁的例子，是某家公司全年每季的營收表。

　　圖表 1 和圖表 2 是用相同資料製作的直條圖，但刻度不同。圖表 1 的最大刻度是 5,000（百萬日圓），一個刻度表示 1,000（百萬日圓），並且選用寬度較寬的直條。圖表 2 的最大刻度是 10,000（百萬日圓），一個刻度表示 500（百萬日圓）。各位會不會覺得，圖表 1 的營收看起來比較像樣呢？

　　由此可見，圖表可以操縱閱讀者的印象。甚至，有人會中途變更刻度單位。

　　繪製或檢視圖表時，必須思考自己或其他繪圖表者是否刻意操作圖表。

原始資料

季	1	2	3	4
銷售金額	4,200	3,900	4,400	4,100

單位：百萬日圓

圖表 1

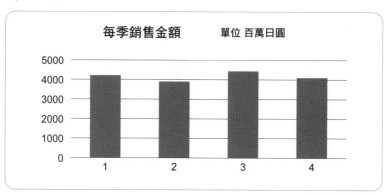

圖表 2

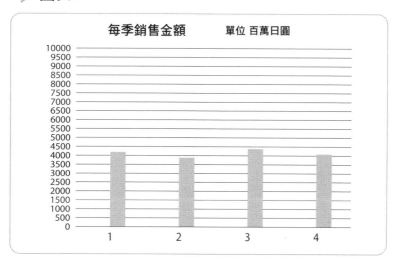

第1章

第2章

第3章

第4章

第5章

14

資料轉化為圖表

直條圖、折線圖及圓餅圖，各有何特色？

接下來，說明繪製圖表的步驟。有些說明屬於基本功，已知道的讀者可以自行跳過。

可繪製的圖表有直條圖、折線圖、圓餅圖等許多種類，必須先思考，什麼圖表最適合呈現自己手邊的資料。

首先，根據同一份資料繪製各種圖表。如此一來，便了解資料會以什麼方式呈現。

右頁上方是繪製圖表時使用的資料。一開始，先用簡單的表格，記住繪製圖表的步驟。這張表格是每季的銷售金額，單位為100萬日圓。

使用的資料

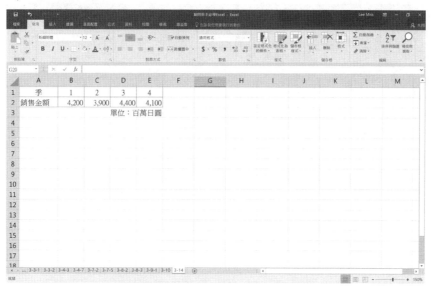

用資料來繪製圖表

步驟 1　選擇要繪製圖表的資料範圍。

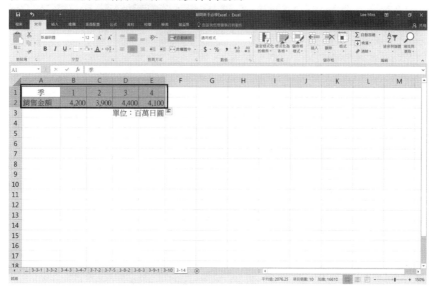

步驟 2 在「插入」頁籤①選擇「直條圖」②。這裡選擇「平面直條圖」③。如此一來，便出現下方的圖表④。

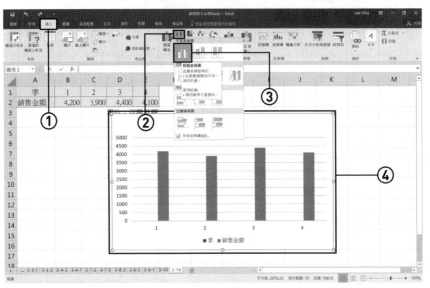

步驟 3 你可以用滑鼠來改變圖表的大小，或移動圖表的位置①。在圖表標題中輸入「每季銷售金額」②。

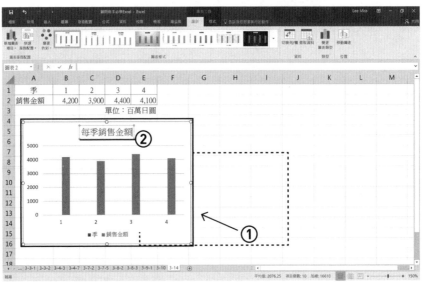

步驟 4 用滑鼠點擊圖表後，在圖表右上方顯示的「圖表項目」中，勾選「座標軸標題」。於是，X 軸和 Y 軸的座標軸標題便顯示出來，然後可以進行編輯。

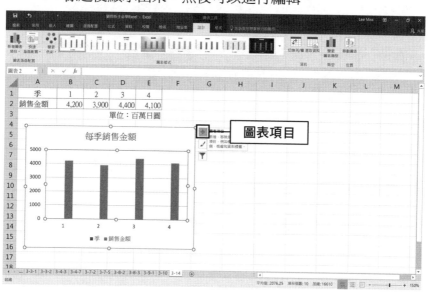

步驟 5 在 X 軸輸入「季」，Y 軸輸入「銷售金額」。

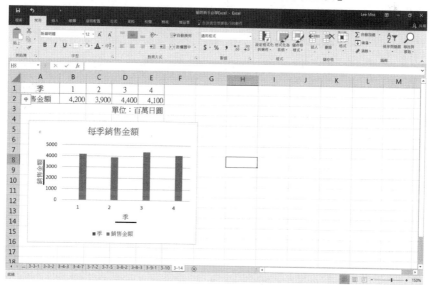

圖表繪製完成。接下來，用較複雜的表格繪製圖表。

以較複雜的表格來繪製圖表

下圖中的表格，是某英語補習班一整年的教科書和 DVD 銷售量。請將它繪製成圖表。

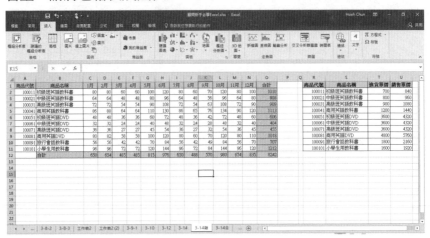

X 軸和 Y 軸分別該放什麼資料？

繪製圖表時，必須先思考「X 軸和 Y 軸分別該放什麼資料」。

首先看 X 軸，我們想使用的是 1 至 12 月的銷售量資料。因為想知道各項商品在這 12 個月內的銷售量變化，所以用 X 軸表示月份。

接著看 Y 軸，也就是「商品代號」或「商品名稱」的銷售量。不過，要讓其他人理解商品代號很困難，所以用 Y 軸表示各商品名稱的銷售量。

在此必須注意行和列的合計資料。雖然我們想把合計放進表格裡，但目的是要檢視 1 至 12 月的變化，放入合計反而更難理解。因此，繪製圖表時不需要合計的資料。

步驟 1　先選擇 X 軸（標題）。從「商品名稱」選到「12 月」
（由 B1 欄到 N1 欄）。

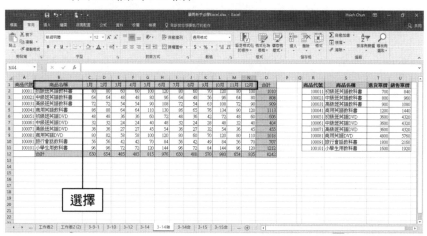

步驟 2　接下來，按住 Ctrl 鍵不放並選擇資料。以這個範例來
看，因為標題列和資料連在一起，只要選一次即可。
換句話說，就是從 B1 欄的「商品名稱」選到 N11 欄為
止。

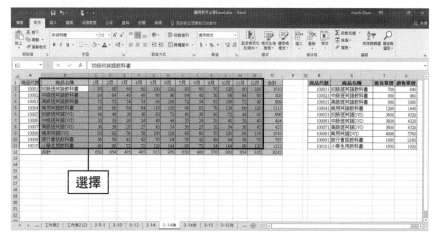

步驟 3 在此狀態下，從功能區選擇圖表。若選擇直條圖，便出現不容易看懂的圖表（請見下圖）。

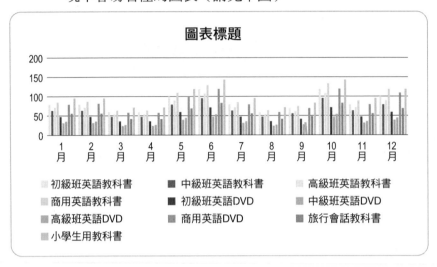

可見得直條圖的效果不佳。那麼，改用折線圖。選取剛才繪製的直條圖，並從右上方「變更圖表類型」的標籤，選擇「折線圖」。這次應該沒問題了。

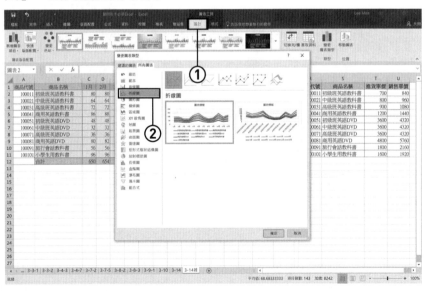

步驟 4 比起直條圖，折線圖上的銷售金額變化比較容易理解。從這個範例來看，繪製折線圖是最佳選擇。圖表標題設定為「全年銷售量」。

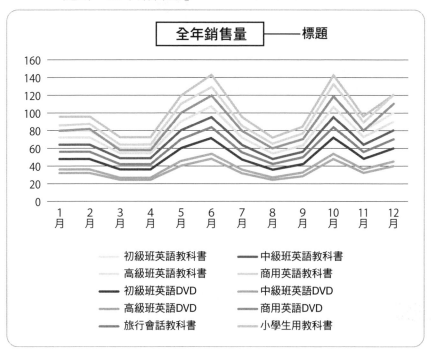

從這張圖表可以看出，每項商品一整年的銷售量變化，都有相同的趨勢。

第**1**章

第**2**章

第**3**章

第**4**章

第**5**章

接下來，我們做另一項嘗試。

以下將某項商品的銷售量和銷售金額，放在同一張表格裡。

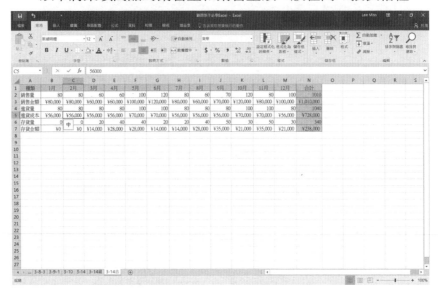

進行比較時，金額必須與金額比，數量必須與數量比。請把
這份資料繪製成圖表。

步驟 1 思考要用什麼資料作為 X 軸和 Y 軸。

Y 軸有 2 個要素，分別是數量和金額。為了容易閱讀，
畫成 2 張圖表似乎比較好。一張圖表是數量，另一張圖
表則是金額。

因為第一張圖表是數量，所以用 X 軸表示月份，Y 軸表
示銷售量、進貨量及存貨量。接著，選擇要繪製圖表的
範圍。一開始，由 A1 欄的「種類」選到 M2 欄為止。
然後，按住 Ctrl 鍵不放並選擇 A4 欄，再按住 Shift 鍵不
放並選到 M4 欄為止。最後，按住 Ctrl 鍵不放並選擇 A6
欄，再按住 Shift 鍵不放並選到 M6 欄為止。

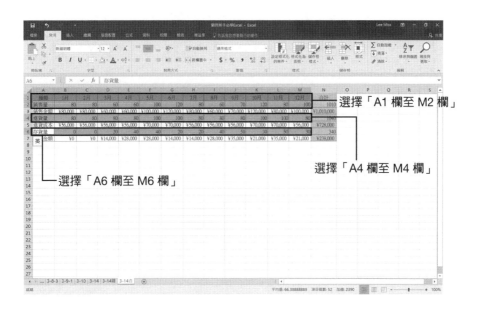

步驟 2　在此狀態下，選擇折線圖，就出現以下圖表。

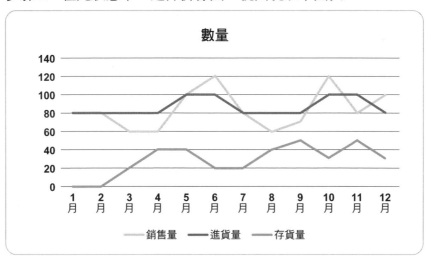

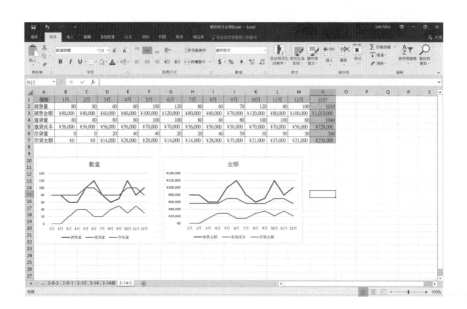

　　這樣便完成 2 張圖表。

　　只要作為原始資料的表格正確，就能輕鬆繪製出圖表。如果原始資料的表格內容亂七八糟，自然無法確實繪製圖表。

15 根據分析目的,可繪製 2 種圖表再加以組合

因應分析種類的不同,其實有這樣的潛規則:「這種時候用這種圖表。」在此說明堆疊直條圖和組合式圖表。

堆疊直條圖和折線圖

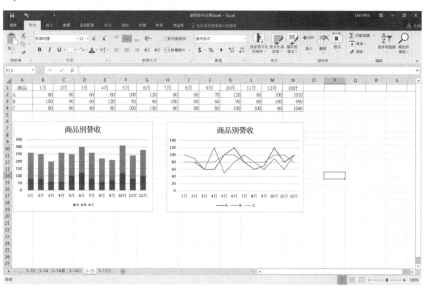

假設,現在要把 A、B、C 這 3 種商品 12 個月的營收變化,繪製成圖表。有 2 個方法可以達到這個目的,那就是堆疊直條圖(請見上圖左)和折線圖(請見上圖右)。

要使用哪一種圖表,當然得視繪圖者的想法和團隊的格式要求而定。不過,堆疊直條圖通常用於呈現整體(商品 A、B、C)

大小或各佔多少比重時。如果想呈現變化狀況，使用折線圖比較適當。

組合式圖表

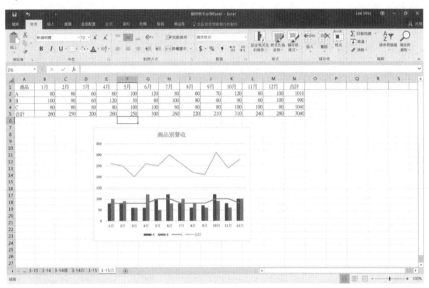

上圖是加入每月合計的圖表，其中營收合計以折線圖呈現，各項商品營收則以直條圖呈現。有些時候，在一張圖表裡同時放入折線圖和直條圖，反而有助於理解。這時會使用組合式圖表。

要特別注意，在預設狀態下，Excel 會自行判斷哪個數值要以直條圖、哪個數值要以折線圖來呈現。什麼樣的圖表最適合用來進行資料分析，可以在圖表繪製完成後修正或調整，但操作稍微複雜一點，因此以下按照步驟說明。

首先，因為 C 商品營收顯示為折線圖，先將它變成直條圖。

步驟 1　選擇繪圖區，也就是中間顯示圖表的位置，而非圖表整體。

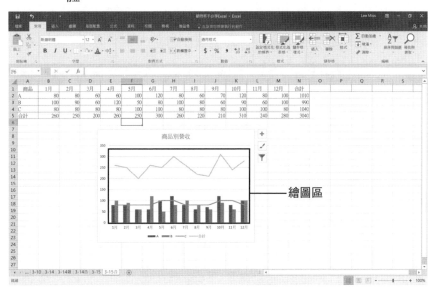

步驟 2　在選擇繪圖區的狀態下，按滑鼠右鍵，選擇「變更圖表類型」。

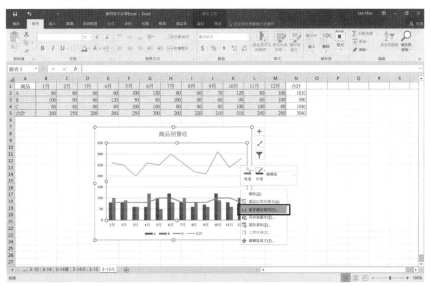

步驟 3 選擇「組合式」①
在右下方區域內，選擇資料數列的圖表類型和座標軸
②，即可完成組合式圖表。

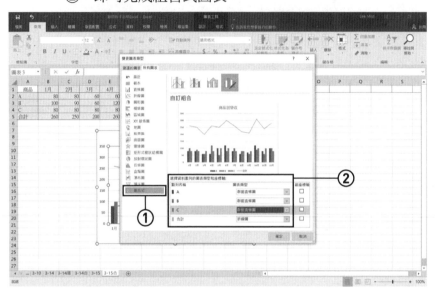

分析內容與代表性的圖表種類

分析內容	圖表種類
數值比較、大小等	直條圖、堆疊直條圖
數值變化	折線圖、組合式圖表
詳細內容	圓餅圖、環圈圖
分佈	XY 散佈圖、泡泡圖
特殊圖表	雷達圖等

16

資料轉化為圖表

想同時呈現變化和比重？
用儀表板便一覽無遺

公司高層工作忙碌，沒有時間看完所有文件，因此需要一張彙整狀況概要、一覽顯示的圖表。這種圖表稱為「儀表板」。

汽車的儀表板上匯集各種儀器，顯示車速、剩餘汽油等資料，駕駛人只要看儀表板，就能掌握車子的狀況。

資料儀表板也是同樣的用意。舉例來說，如果要將部門所負責商品一整年的營收，製作成儀表板，便是一張包含總營收與獲利、商品別營收與獲利、地區別營收、業務員別營收等資料的圖表。

以下頁的圖表為例，儀表板無法分成多頁，必須用一張圖表來一覽顯示。製作儀表板有特殊軟體，後續再做說明。利用這些特殊軟體，當然能快速製作出一覽無遺的儀表板，但其實光用 Excel 也能製作。

⇨ 儀表板範例

⇨ 資料視覺化工具

在資料視覺化或資料探索的領域，有幾種製作儀表板用的市售軟體（請見下表）。這些軟體可以從各種資料來源讀取資料，並依此製作出儀表板，當然也能讀取 Excel 的資料。

⇨ 製作儀表板的代表性軟體

軟體名稱	開發者	下載網址	價格
Power BI	台灣微軟股份有限公司	https://powerbi.microsoft.com/zh-tw/	2016 年 11 月為止免費。Pro 版需付費。
Tableau	Tableau 股份有限公司	http://www.tableau.com/zh-cn/	需洽詢。
Qliktech	Qlik Tech 股份有限公司	http://global.qlik.com/tw/	需洽詢。

⇨ 微軟公司的 Power BI

微軟公司提供能分析資料的資料視覺化工具 Power BI，2016 年 11 月可以免費使用（Power BI Pro 需付費），請下載來用看看。

Power BI 的功能很強大，可能需要一本手冊才能說明清楚，在此僅介紹其中一部分。Pro 版能夠處理更大量的資料，因此必須付費。不過，在大多數情況下，免費版就已夠用。

這裡使用的產品是 Power BI Desktop，可以安裝在你的電腦上。請到這個網址下載：https://powerbi.microsoft.com/zh-tw/。

必須特別注意，要用公司或組織的電郵住址才能登入，免費信箱如 Gmail 等，無法成功登入。

第1章

第2章

第3章

第4章

第5章

➡ Power BI 首頁畫面

➡ 啟動 Power BI Desktop

Power BI Desktop 的初始畫面如下：

首先要做的，便是選擇資料來源。

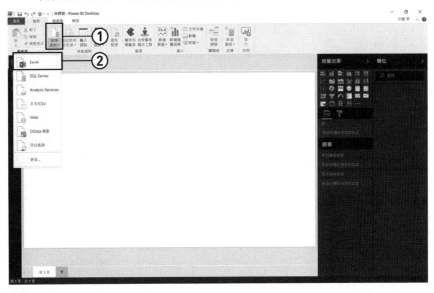

除了微軟公司的 Excel 或 SQL Server 之外，也可以處理 IBM DB2 或 Oracle DB 的資料。

第1章

第2章

第3章

第4章

第5章

📧 報表範例

　　首先，要製作構成儀表板的報表。下圖是使用 Power BI 製作的報表範例。

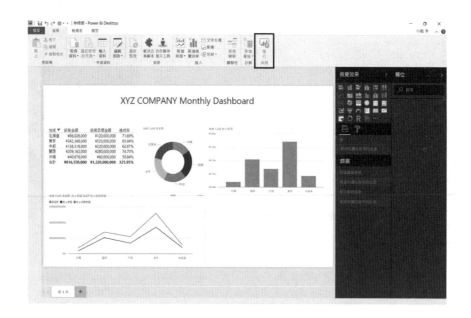

　　不只是交叉分析表，還能輕鬆製作各種圖表。此外，只要建立表格和圖表之間的關聯性，資料就可以連動。如果原始資料整理得好，便能用 Power BI 輕鬆製作出需要的報表。因此，關鍵在於先確實加工資料。

　　點選 Power BI Desktop 右上方的「發行」，就能在事先登入的網頁空間，製作出和使用 Power BI Desktop 時同樣的報表。

由報表到儀表板

發行之後，只要報表沒有問題，便可點選「動態釘選」，製作出像下圖的儀表板。

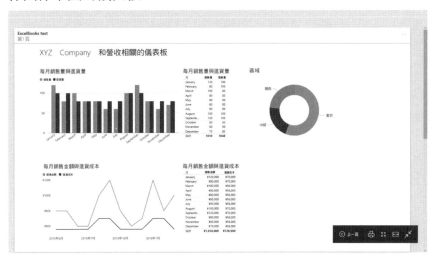

共享製作完成的儀表板

你可以用電子郵件傳送共享儀表板的連結，也可以將它公開在網頁上，輕輕鬆鬆和他人共享資訊與資料。

第4章

只要學會 6 組商用函數，
工作效率就加速

🔍 **內容**

● 搞懂基礎知識，不必懼怕函數。
● 6 組不可不知的運算函數。
● 熟練問題解決對策，再也不困擾。

1

搞懂基礎知識，不必懼怕函數

想學會使用 Excel 公式，
記住四則運算就妥當

　　要學會使用 Excel 的計算公式，得先記住四則運算。Excel 的四則運算，與各位在小學數學課學過的一樣，是利用加減乘除來整理資料。

　　當一個公式中混合加減乘除的運算時，就如同數學課教過的，要先處理括號中的加法或減法。

　　請看右頁表格。所有的運算符號都是半形，其中乘法使用的符號不是「×」而是「*」。

　　四則運算的重點在於，算式的開頭一定要先加上半形的「＝」。如果忘記加上等號，Excel 不會開始計算。舉例來說，就像右頁下方「用 Excel 進行四則運算的公式範例」，在想要顯示計算結果的儲存格裡，輸入「＝」和其他運算符號。

　　各位可以把「＝」想成是這樣的咒語：「告訴 Excel，接下來我要輸入公式或函數。」

　　除了四則運算之外，有時會一併使用算術運算子和比較運算子。

運算子

運算子	符號	意義
四則運算子	＋	加法
	－	減法
	＊	乘法
	/	除法
算術運算子	％	求百分率
	＾	求底數的次方值
比較運算子	＝	等號（兩邊相等）
	＜＞	不等號（兩邊不相等）
	＞＝	左邊大於等於右邊
	＜＝	左邊小於等於右邊
	＞	左邊大於右邊
	＜	左邊小於右邊

用 Excel 進行四則運算的公式範例

＝A2＋B2＋C2

＝A3－B3

＝（A4＋B4）＊3

＝（A2－B3）/5

第1章

第2章

第3章

第4章

第5章

2 只要事先設定公式，系統就會自動計算

　　請看右頁的表 1。這是一張營收表，其中 3 月的數字尚未填入。輸入 1 至 3 月的產品銷售數字後，顯示月合計和 Q1 合計的結果。表 2 中顯示 Q1 合計和月合計的加法公式，表 3 則補入 3 月的數字。

　　Excel 針對固定的計算，可以事先在合計的欄位內填入計算公式。

　　表格裡的 Q1 合計，是加總各月銷售數字的結果，月合計則是加總各產品銷售數字的結果。方便進行加法運算的 SUM 函數，將在 135 頁說明。

　　只要先設定表格框架和計算公式，也可以將 Excel 檔交給別人，請他們代為輸入資料或數字。因為已經先設定公式，只要輸入銷售數字，表格便製作完成。

　　若事先填入計算公式（請見表 2），表格中便顯示以公式計算的結果，能避免人為計算錯誤。

⇨ 表 1

銷售項目	1 月	2 月	3 月	Q1 合計
桌上型電腦	100	120		220
筆記型電腦	300	280		580
滑鼠	500	450		950
鍵盤	200	220		420
月合計	1,100	1,070	0	2,170

⇨ 表 2

銷售項目	1 月	2 月	3 月	Q1 合計
桌上型電腦	100	120		＝B2＋C2＋D2
筆記型電腦	300	280		＝B3＋C3＋D3
滑鼠	500	450		＝B4＋C4＋D4
鍵盤	200	220		＝B5＋C5＋D5
月合計	＝B2＋B3＋B4＋B5	＝C2＋C3＋C4＋C5	＝D2＋D3＋D4＋D5	＝B6＋C6＋D6

⇨ 表 3

銷售項目	1 月	2 月	3 月	Q1 合計
桌上型電腦	100	120	220	440
筆記型電腦	300	280	360	940
滑鼠	500	450	560	1510
鍵盤	200	220	280	700
月合計	1,100	1,070	1,420	3,590

第 1 章

第 2 章

第 3 章

第 4 章

第 5 章

3 函數一點也不難，還能避免出錯、縮短時間

很多人都知道，只要運用函數就能輕鬆計算，卻認為函數很困難，原因大多是以下 2 種：

1. 光聽到函數便覺得好難。
2. 即使不用函數也可以進行。

當學習使用 Excel 時，函數確實是一大難關。然而，對於想在工作上利用 Excel 大展長才的人來說，函數絕對是必備的武器。

在工作上使用 Excel 時，最重要的是不出錯、生產力高。假設你製作的 Excel 表經常出錯，而且總是很久才做好。對此，主管或同事會怎麼想？剛開始，他們可能會包容你：「還是新人嘛，慢慢學就好」，但若是一直如此，他們會覺得：「那個傢伙的 Excel 資料錯誤百出，動作又慢」，不想再把工作交給你。

其實，有方法可以避免出錯、縮短時間，那就是用函數進行計算。接下來，我們將一起學習函數，不過光學沒有用，必須熟能生巧。因此請各位盡可能使用函數。

使用函數的 3 大原因

1. 不費工（＝縮短時間）

2. 正確計算（＝避免出錯）

3. 非常方便（＝提升效率）

4
活用函數，是提升工作效率和生產力的手段

　　說到函數，有些人可能想到學校數學課教過的三角函數。一定有人因為這個痛苦回憶，而對 Excel 函數敬而遠之。請各位放心，Excel 函數與數學課學過的函數完全不同。

　　Excel 函數是 Excel 的一種功能。這裡所謂的功能，是指搜尋、計算、統計等。請看以下2個公式：

　　＝SUM（A1:A10）
　　＝A1＋A2＋A3＋A4＋A5＋A6＋A7＋A8＋A9＋A10

　　它們都是計算「A1 欄加到 A10 欄」的結果，上面的公式使用 SUM 函數，下面的公式則運用四則運算中的加法。即便不使用 SUM 函數，也能得到相同的結果，這正是許多人逃避 Excel 函數的原因之一。

　　若只是加總大約 10 個儲存格也就罷了。若要由 A1 加到 A100，甚至加到 A5000，要將每個儲存格輸入到加法公式裡，即便只要辛苦一點就能辦到，但在實務上根本不可能這麼做，這不僅浪費時間，也容易出錯。所以，使用函數是比較好的做法。

　　由此可見，用 Excel 工作時，為了提高生產力，必須學會使用函數。

學校教的函數和 Excel 函數目的不同

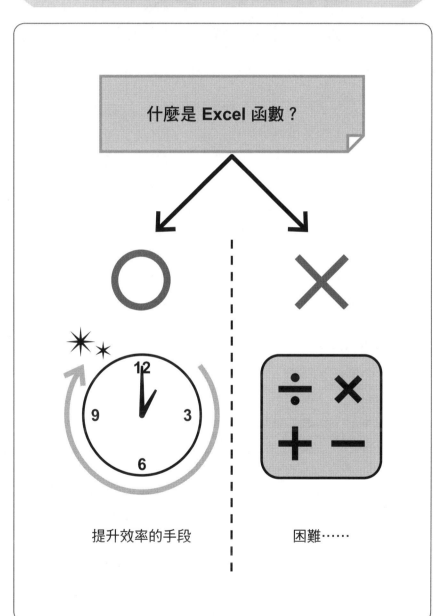

什麼是 Excel 函數？

提升效率的手段

困難……

5 要加快操作速度，用鍵盤輸入取代滑鼠即可

　　要輸入函數，有 2（＋1）種方法，那就是用鍵盤手動輸入或是用滑鼠輸入，也可以合併使用這兩者。

　　接下來說明這 2 種方法。當然，用滑鼠輸入比較簡單。如果想藉由使用函數獲得結果，有時必須經過嘗試錯誤的過程，此時手動輸入比較容易得到想要的結果。

　　對於 SUM 函數等簡單的函數，用手動輸入（手動輸入比較快），對於 SUMIF 或 VLOOKUP 等複雜的函數，則同時用手動輸入和滑鼠輸入，或是只用滑鼠輸入。不過，有些人認為正確性比速度更重要，因此只用滑鼠輸入。各位可以自行選擇。

用鍵盤手動輸入

　　一旦習慣使用函數，有時用滑鼠輸入會比較慢。如果覺得操作速度有點慢，不妨試著用鍵盤手動輸入。用鍵盤輸入函數時，必須選用半形。函數形式如下，請參照下列例子，把函數輸入到儲存格裡。

　　「＝函數名稱（引數）」（註：引數有時不只一個）
　　例）SUM 函數：「＝SUM（範圍）→＝SUM（A1：I5）」

　　不同函數的引數合計範圍或條件等，有時很複雜，所以要先確認輸入的順序。此外，用逗號區隔多個引數時，經常會發生「輸入全形逗號」的錯誤，要特別注意。

用滑鼠輸入

步驟 1 　選擇功能區的「公式」頁籤。

步驟 2 　在工作表上選取要輸入函數的儲存格，並選擇「插入函數」，或是在資料編輯列按一下左上方的「*fx*」。

接著只要依指示輸入，即可完成函數的輸入作業。

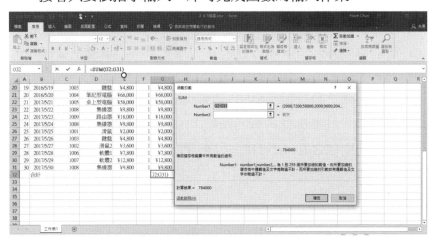

6 商務常用函數有 6 大類，根據目的來搭配

要使用 Excel 函數進行某些計算時，建議先思考：「可以使用什麼函數」、「哪些函數有這種功能」，因為先有目的才有函數，而不是有函數就必須使用。

舉例來說，當你想計算一行已輸入資料的儲存格數時，可以思考「能使用什麼函數」，然後查閱本書或相關書籍。

建議各位善用 Google 搜尋。只要在 Google 搜尋輸入「我想計算一行已輸入資料的儲存格數」，便會出現「COUNTIF 函數」或「COUNTA 函數」。看看這些函數的相關說明，很容易就能找到符合目的的函數。

工作上較常使用的函數，其實都是某些固定類型，當然有些工作可能有例外。常用函數分成 6 大類，本書中再加上其他類，於是共有 7 類。

之所以能分類呈現，是因為同一類函數有近似的功能。上述例子提到的「計算儲存格數的函數」，則歸在「COUNT 函數」這一類，其中包含 COUNTIF、COUNTA 等。

工作上常用的函數

1. 具有加總功能的函數

2. 具有計數功能的函數

3. 具有平均功能的函數

4. 具有分歧功能的函數

5. 具有搜尋功能的函數

6. 具有數值加工功能的函數

7. 具有其他功能的函數

第 1 章

第 2 章

第 3 章

第 4 章

第 5 章

7

函數有 2 個部分，就是「函數名稱」和「引數」

Excel 有許多方便好用的函數。進行資料加工時，函數是非常重要的工具。

說到函數，有些人會想到學生時代的數學，有些人甚至覺得很困難。其實不用害怕，Excel 函數既簡單又方便。補充說明一下，函數的英文是「Function」。

Excel 函數提供便利的功能，運用函數可以使複雜麻煩的計算變得很簡單。

⇨ 數值的輸入方法

函數其實是一種公式，因此將它輸入到儲存格時，一開頭必須先加上「＝」，藉此告訴 Excel「接下來我要輸入公式或函數」。

一般的函數形式是「＝函數名稱（）」。「（）」裡放的是該函數的必要資訊，稱為「引數」。

下一節將說明最常使用的 SUM 函數，讓各位熟悉函數到底是什麼。

8 記住最基本的 SUM 函數，加總工作一鍵搞定

想算出 A1 欄至 A100 欄的合計時，只要把 A1 欄至 A100 欄全部輸入加法公式，便能算出合計值。輸入方式是「＝A1＋A2＋……＋A100」，但這種做法沒效率又很辛苦。

只要使用 SUM 函數，輸入「＝SUM（A1:A100）」，也能獲得相同結果。SUM 函數可以加總指定範圍的儲存格數值，不僅限於商業數據分析，在各種情況下都很常用。SUM 函數顯示如下：

「＝SUM（範圍）」

例）＝SUM（A1:A100）

▶▶ SUM 函數的輸入方法

步驟 1　用鍵盤輸入「＝SUM（A1:A100）」。

步驟 2　輸入「＝SUM」，會出現可選擇的函數。
雙擊「＝SUM」，便可以指定範圍。選擇要加總的第一個儲存格，按住 Shift 鍵不放，並點擊要加總的最後一個儲存格，然後按 Enter 鍵，就會顯示計算結果。

步驟 3　用鍵盤輸入「＝SUM（」，便可指定範圍。選擇要加總的第一個儲存格，按住 Shift 鍵不放，並點擊要加總的最後一個儲存格，然後按 Enter 鍵，就會顯示計算結果。

步驟 2 與步驟 3 其實是一樣，都能得到相同的結果。

9

加總功能與應用：
SUM、SUMIFS……

　　首先要說明具備加總功能的函數類型，那就是各位都會用到的「函數界巨星」SUM 函數的同伴，總共有 4 種：

　　1. SUM。　　　　2. SUMIF。

　　3. SUMIFS。　　4. SUMPRODUCT。

函數名稱	功能	語法
SUM	計算範圍內所有的儲存格總和	＝SUM（範圍）
SUMIF	計算範圍內所有符合指定條件的儲存格總和	＝SUMIF（搜尋範圍,搜尋條件,加總範圍）
SUMIFS	計算範圍內所有符合多項指定條件的儲存格總和	＝SUMIFS（加總範圍,條件範圍1,搜尋條件1,條件範圍2,搜尋條件2,……）
SUMPRODUCT	計算多個陣列或範圍內所有符合指定條件的儲存格乘積總和	＝SUMPRODUCT（陣列1,陣列2,……）

　　前面已經說明過 SUM 函數，本節要說明其他 3 種函數。在進行商業數據分析時，特別常用「SUMIFS」。這裡要使用的資料是產品營收表。

SUMIF 函數

功能：計算範圍內所有符合指定條件的儲存格總和。

語法：＝SUMIF（檢索範圍,搜尋條件,加總範圍）。

例）計算各項商品的合計營收。

　　搜尋範圍：D2:D16（商品名稱行）

　　搜尋條件：在 I 行指定一個儲存格（以滑鼠為例，便是 I2）

　　加總範圍：G2:G16（銷售金額行）

用鍵盤輸入

步驟1 在 J2 欄輸入「=SUMIF（D2:D16,I2,G2:G16）」。

　　這個函數代表的意思是：「在 D2:D16 所有的商品名稱中，找出和 I2 欄（滑鼠）相同的商品名稱，然後加總其銷售金額」。

用滑鼠輸入

步驟1 選擇 J3 欄，點選資料編輯列左側的「fx」。在搜尋函數的欄位輸入「SUMIF」，並開始搜尋。

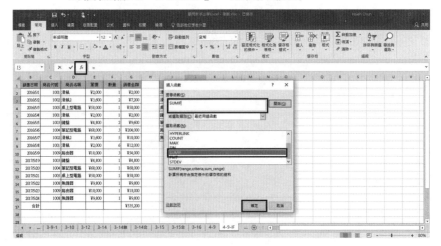

步驟 2　在出現「函數引數」的畫面後，輸入範圍。

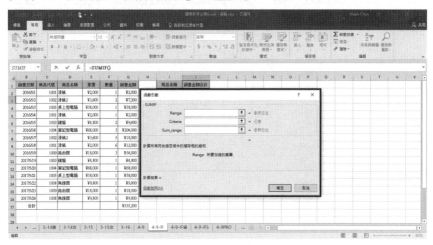

範圍：D2:D16（商品名稱行）

搜尋條件：在 I 行指定一個儲存格（以滑鼠 2 為例，就是 I3）

加總範圍：G2:G16（銷售金額行）

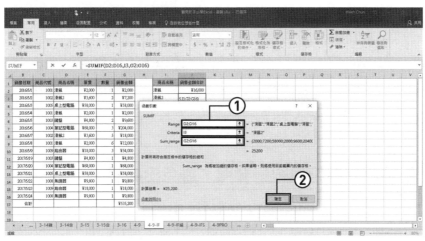

　　結果就會顯示出來。

第1章

第2章

第3章

第4章

第5章

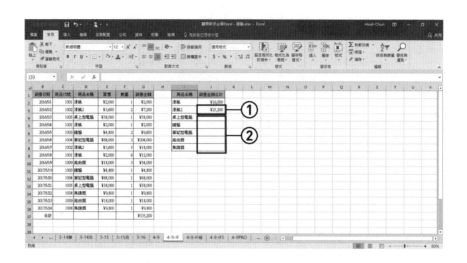

步驟 3 之後只要複製貼上即可。複製 J3 欄,並貼在 J4 欄至 J8
欄。如此一來,會變成:

J3 欄:「=SUMIF(D2:D16,I3,G2:G17)」

J4 欄:「=SUMIF(D3:D17,I4,G3:G18)」

範圍和加總範圍卻都跑到下一列了。

在 Excel 中,由上往下複製貼上時,Excel 會自動依序,調
整儲存格內函數引數的儲存格號碼。要避免這種情形,必須使用
「絕對參照」,以下將進一步說明。

記住相對參照與絕對參照,避免出錯

相對參照:=SUMIF(D2:D16,I3,G2:G16)

絕對參照:=SUMIF($D$2:$D$16,$I3,$G$2:$G$16)

以上 2 個函數進行相同的計算。

相對參照的標示方式為「A1」，是 Excel 的預設值。絕對參照的標示方式則加上「$」，也就是「$A$1」。

若使用絕對參照，不論是要複製貼上或做其他任何操作，顯示出來的都是你指定的儲存格。所以要複製貼上時，如果擔心搜尋範圍跑掉，必須使用絕對參照。輸入方法請參閱 206 頁。

接下來，我們試著將 J3 欄的內容改為絕對參照：

＝SUMIF（$D$2:$D$16,$I3,$G$2:$G$16）

這個算式裡有好多「$」，感覺很難理解。不過仔細看看，其實只是加上「$」而已。

在此要注意「$I3」的標示方式，不是寫成「$I$3」。以這個例子來看，只有 I 行在複製公式時，需要 Excel 自動換行。因此，在不希望改變的要素（這裡是 I 行）前面加上「$」，而希望改變的要素（這裡是列）則不加。看看複製 J3 欄並貼在各個儲存格內的公式，會發現已經正確複製（請見下圖）。

商品名稱	銷售金額合計
滑鼠	＝SUMIF（$D$2:$D$16,$I2,$G$2:$G$16）
滑鼠 2	＝SUMIF（$D$2:$D$16,$I3,$G$2:$G$16）
桌上型電腦	＝SUMIF（$D$2:$D$16,$I4,$G$2:$G$16）
鍵盤	＝SUMIF（$D$2:$D$16,$I5,$G$2:$G$16）
筆記型電腦	＝SUMIF（$D$2:$D$16,$I6,$G$2:$G$16）
路由器	＝SUMIF（$D$2:$D$16,$I7,$G$2:$G$16）
集線器	＝SUMIF（$D$2:$D$16,$I8,$G$2:$G$16）

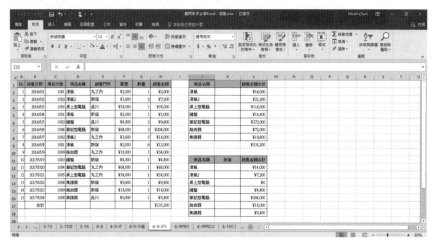

SUMIFS函數

功能：計算範圍內所有符合多項指定條件的儲存格總和。

語法：＝SUMIFS（加總範圍,搜尋範圍 1,搜尋條件 1,搜尋範圍 2,
搜尋條件 2……）。

使用資料：增加一行銷售門市的資料。

例）計算新宿店各項商品的合計營收。

搜尋範圍：D2:D16（商品名稱行）、E2:E16（銷售門市行）

搜尋條件：在 J 行指定一個儲存格，並指定 K11 欄的新宿

加總範圍：H2:H16（銷售金額行）

➡ 用鍵盤手動輸入（輸入到 L12 欄）

＝SUMIFS（$H$2:$H$16,$D$2:$D$16,$J12,$E$2:$E$16, $K$11）

$H$2:$H$16：加總金額的範圍

$D$2:$D$16：第 1 個搜尋範圍。商品名稱的搜尋範圍。

$J12：輸入搜尋條件的儲存格。（之後複製貼上時，要讓 Excel 自動換列，所以指定 J 行的絕對參照。）

$E$2:$E$16：第 2 個搜尋範圍。銷售門市的搜尋範圍。

$K$11：搜尋條件是新宿的銷售門市。

這個算式代表的意思是：「加總新宿店各項商品的銷售金額。」

在此要注意 SUMIF 函數和 SUMIFS 函數的引數寫法，兩者的搜尋範圍和加總範圍正好順序顛倒。

SUMPRODUCT函數

功能：計算多個陣列或範圍內所有對應儲存格的乘積總和。

語法：＝SUMPRODUCT（陣列 1,陣列 2,⋯⋯,陣列 n）。

使用資料：使用以下刪除銷售金額行的資料。

1. 從單價與數量算出合計。

2. 函數：SUMPRODUCT 函數

　陣列 1：F2:F16（單價行）

　陣列 2：G2:G16（數量行）

　顯示結果的儲存格：F17

3. 輸入到 I2 欄＝SUMPRODUCT（F2:F16,G2:G16）

4. 如此一來，加總 F2*G2、F3*G3⋯⋯F16*G16 的結果，便顯示在 F17 欄裡。

SUMPRODUCT 是較不常用的函數。以這個例子來看，一般大多在 H 行，放入計算各項商品與數量乘積的銷售金額，所以不需要用 SUMPRODUCT 函數來統計。

第 1 章

第 2 章

第 3 章

第 4 章

第 5 章

145

10

6 組不可不知的運算函數

計數功能與應用：
COUNT、COUNTIF……

接下來，介紹具備計數功能的函數類型。它們是用來計算數量的函數，因此在進行商業數據分析時，也經常使用。

函數名稱	功能	語法
COUNT	計算範圍內包含數值資料的儲存格數目	＝COUNT（範圍）
COUNTIF	計算範圍內符合指定條件的儲存格數目	＝COUNTIF（範圍,搜尋條件）
COUNTIFS	計算範圍內符合多項指定條件的儲存格數目	＝COUNTIFS（範圍1,搜尋條件1,範圍2,搜尋條件2……）
COUNTA	計算範圍內非空白儲存格的數目	＝COUNTA（範圍）
COUNTBLANK	計算範圍內空白儲存格的數目	＝COUNTBLANK（範圍）
DCOUNT	計算在資料庫中，符合多項指定條件且包含數值資料的儲存格數目	＝DCOUNT（資料庫,資料欄,搜尋條件）
DCOUNTA	計算在資料庫中，符合多項指定條件且非空白的儲存格數目	＝DCOUNTA（資料庫,資料欄,搜尋條件）

計數類型的函數有 7 個。仔細看看函數名稱會發現，當中包含 COUNTIF 和 COUNTIFS。其名稱的後半部和 SUMIF、SUMIFS 很像。IF 是電腦程式裡的常用指令，意指「若符合某項搜尋條件就……」，前面加上 SUM，例如 SUMIF，代表符合搜

尋條件時「就 SUM（加總）」。同理，COUNTIF 代表符合搜尋條件時「就 COUNT（計數）」。

COUNT 函數

功能：計算範圍內包含數值資料的儲存格數目。

語法：＝COUNT（範圍）。

使用資料：使用商品銷售資料。

　　假設現在想知道，銷售表中 2016 年 5 月 1 日至 24 日期間，有銷售業績的天數。想計算有銷售業績的天數，只要把 H 行（銷售金額）中包含數值資料的儲存格，視為有銷售業績即可。因此，在 J1 欄輸入有銷售業績的天數，在 K1 欄裡計算結果（請見下頁的 Excel 表）。

範圍：H2:H16

輸入 K1 欄：＝COUNT（H2:H16）

第1章

第2章

第3章

第4章

第5章

計算結果是 15，也就是有銷售業績的天數共有 15 天。

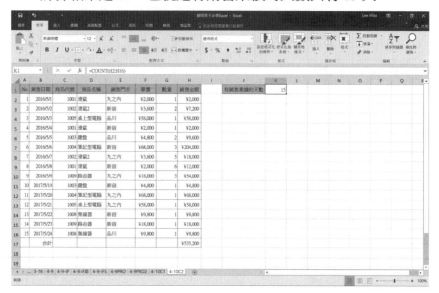

接著用 COUNTIF 函數，計算各項商品有銷售業績的天數。

COUNTIF函數

功能：計算範圍內符合指定條件的儲存格數目。

語法：＝COUNTIF（範圍,搜尋條件）。

使用資料：使用商品銷售資料。加入各項商品的銷售天數表。

　　現在要計算 2016 年 5 月 1 日至 24 日，各項商品有銷售業績的天數。這時，D 行已經輸入商品名稱，因此以 D 行為搜尋範圍，並以各商品名稱（J 行）作為搜尋條件。

範圍：D2:D16

搜尋條件：J4 欄至 J10 欄

輸入到 K4 欄：＝COUNTIF（D2:D16,J4）

第**1**章

第**2**章

第**3**章

第**4**章

第**5**章

步驟 1　因為要固定 D2 欄至 D16 欄的範圍，所以使用絕對參
　　　　　照。另一方面，複製貼上 J4 欄時，希望 Excel 能自動調
　　　　　整 J 行的儲存格號碼，所以只有行名使用絕對參照。
　　　　　＝COUNTIF（D2:D16,J4）
　　　　　→＝COUNTIF（$D$2:$D$16,$J4）

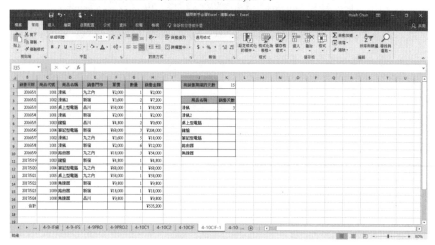

步驟 2　接著，複製這個公式，並貼在 K5 欄至 K10 欄。

如此一來，可以知道每項商品有銷售業績的天數。

在進行商業數據分析時，如果想知道發生某種狀況的次數，或是有多少儲存格包含某個關鍵字，例如：

- 營收超過 100 萬日圓的天數。
- 什麼商品處於虧損狀態。
- 各項商品的型錄需求數量。
- 有多少客訴。

不要猶豫，運用 COUNT 類型的函數進行分析就對了。實務上，使用 COUNTIF 函數的機會相當高，請各位多方嘗試練習，直到可以掌握為止。

DCOUNTA 函數

功能：計算在資料庫中，符合多項指定條件且非空白的儲存格數
　　　目。

語法：＝DCOUNTA（資料庫,資料欄,搜尋條件）。

使用資料：使用商品銷售資料。

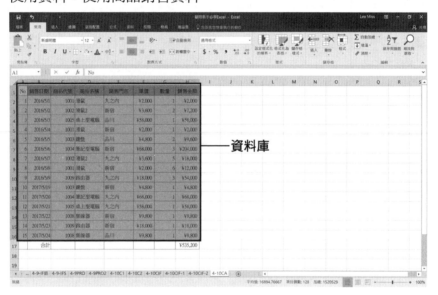

假設現在要搜尋新宿店售出滑鼠的天數。

步驟 1　指定包含表格儲存格範圍和標題列在內的資料庫。

　　　　＝DCOUNTA（A1:H16,A1,J1:K2）

　　　　以這個例子而言，A1:H16 便是資料庫。

步驟 2　接著指定資料欄。可以任意指定資料庫範圍內含有資料的儲存格,在此指定 A1 欄。最後是搜尋條件,要製作和前面完全不同的條件表。

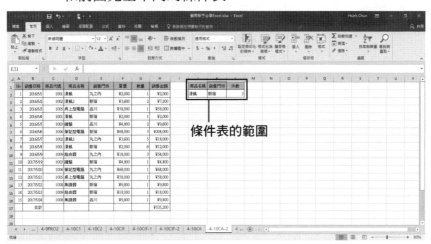

商品名稱	銷售門市
滑鼠	新宿

這就是條件表。J1:K2 為條件表的範圍。

步驟 3　在 L2 欄中輸入「＝DCOUNTA(A1:H16,A1,J1:K2)」,便會得到「3」這個數值。這就表示,新宿店售出滑鼠的天數是 3 天。

本節針對較常使用的 COUNT、COUNTIF、DCOUNTA,以具體範例說明如何操作。至於其他函數,請在需要時參考其功能與語法,並加以運用。

11

6 組不可不知的運算函數

平均功能與應用：
AVERAGE、AVERAGEIF……

計算出多個儲存格內數值的平均，是工作上很常見的要求。在計算平均值的函數類型中，包含以下 4 種函數，其他還有計算中位數的 MEDIAN 等。不過，這超出本書「學習 Excel 基礎並立即實踐」的主題，在此暫且不提。

函數名稱	功能	語法
AVERAGE	計算範圍內引數的平均值（僅限於數值資料）	＝AVERAGE（範圍）
AVERAGEIF	計算範圍內所有符合指定條件的儲存格平均值	＝AVERAGEIF（範圍,搜尋條件,平均範圍）
AVERAGEA	計算範圍內引數的平均值（包含數值以外的引數）	＝AVERAGEA（範圍）
AVERAGEIFS	計算範圍內所有符合多項指定條件的儲存格平均值	＝AVERAGEIFS（平均範圍,搜尋條件範圍1,搜尋條件1,搜尋條件範圍2,搜尋條件2,……）

本節將針對較常使用的 AVERAGE、AVERAGEIF，以具體範例說明如何操作。至於其他函數，請在需要時參考其功能與語法，並加以運用。

AVERAGE函數

功能：計算範圍內引數的平均值（僅限於數值資料）。

語法：＝AVERAGE（範圍）。

使用資料：使用商品銷售資料。

J1：標題「平均銷售金額」

K1：顯示結果（平均值）的儲存格。在這裡輸入函數。

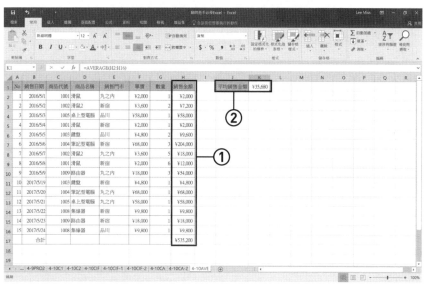

計算平均銷售金額。

步驟 1　輸入的公式為

＝AVERAGE（H2:H16）

H 行為銷售金額，將資料輸入到 H2 欄至 H16 欄①。

步驟 2　顯示計算結果「￥35,680」②。

第**1**章

第**2**章

第**3**章

第**4**章

第**5**章

AVERAGEIF 函數

功能：計算範圍內所有符合指定條件的儲存格平均值。

語法：＝AVERAGEIF（範圍,搜尋條件,平均範圍）。

使用資料：使用商品銷售資料。

追加項目如下：

● 前項算出的整體平均銷售金額。

● 各項商品的平均銷售金額。

● 各家門市的平均銷售金額。

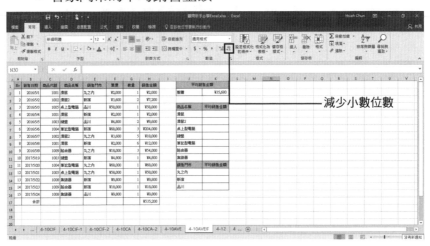

算出這些平均值，便可知道低於整體平均的商品和門市。

步驟 1 在 K5 欄輸入公式「＝AVERAGEIF（D2:D16,J5,H2:
H16）」。搜尋範圍是 D 行（商品名稱）的 D2 欄至
D16 欄，搜尋條件是 J5 欄的滑鼠，要計算平均值的範圍
則是 H 行（銷售金額）。

步驟2 算出平均值為「￥5333.3333」。刪除小數點以下位數
（請見左頁圖）。

步驟3 因為要複製貼上這個公式，必須先改為絕對參照。
＝AVERAGEIF（$D$2:$D$16,$J5,$H$2:$H$16）

步驟4 複製公式並貼在K6欄至K11欄。

步驟5 接著算出各家門市的平均銷售金額。

步驟6 在 K13 欄輸入「＝AVERAGEIF（E2:E16,J13,H2:
H16）」。因為要計算門市平均，所以搜尋範圍是 E 行
的 E2 欄至 E16 欄，搜尋條件是 J13 欄，要計算平均值
的範圍則是 H 行（銷售金額）。

步驟7 算出丸之內門市的平均銷售金額為「￥40,000」。

步驟8 因為要複製貼上這個公式，必須先改成絕對參照。
＝AVERAGEIF（$E$2:$E$16,$J13,$H$2:$H$16）

步驟9 複製並貼在K14欄至K15欄。

如此一來，可以算出所有商品和門市的平均銷售金額。

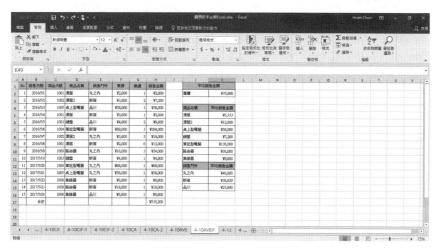

12

分歧功能與應用：IF

在實務上，常碰到符合某種條件和不符合該條件的情況，兩者的處理方式不同。

舉個簡單例子，這就像是考試成績 80 分以上顯示為及格，未滿 80 分則顯示為不及格。為了因應這種狀況，Excel 特別準備具備分歧功能的 IF 函數。

在 C 語言等程式語言裡，也經常使用「IF X THEN Y」這樣的指令，意思是：「若是 X，便進行 Y。」

本節將仔細說明 IF 函數。

IF 函數

功能：判定是否符合某一條件的函數。

語法：＝IF（條件式,值 1,值 2）。

　　　符合條件時，傳回邏輯值 1（TRUE），不符合時則傳回邏輯值 2（FALSE）。在邏輯值裡，也可以輸入字串。

使用資料：使用在商品銷售資料中，將各項商品銷售金額合計的表格。

在條件行裡，輸入各項商品的銷售目標金額。如此一來，當實銷金額高於目標金額時，便在判斷行中顯示「OK」，低於目標金額時，則顯示「NG」。

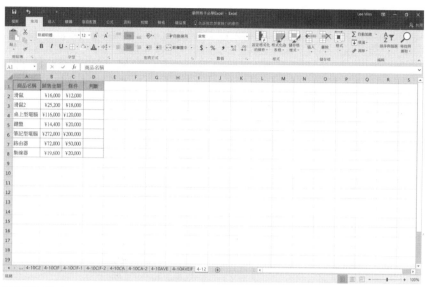

商品名稱	銷售金額	條件	判斷
滑鼠	¥16,000	¥12,000	
滑鼠 2	¥25,200	¥18,000	
桌上型電腦	¥116,000	¥120,000	
鍵盤	¥14,400	¥20,000	
筆記型電腦	¥272,000	¥200,000	
路由器	¥72,000	¥50,000	
集線器	¥19,600	¥20,000	

步驟 1　這裡的條件式是，要比較 B 行（銷售金額）和 C 行（條件），當 B 行的數值大於 C 行時顯示「OK」，相反時則顯示「NG」。

步驟 2　使用 IF 函數的公式就是「＝IF（B2>＝C2,"OK","NG"）」。

步驟 3　將上述公式輸入要顯示結果的 D2 欄，D2 欄便顯示「OK」。

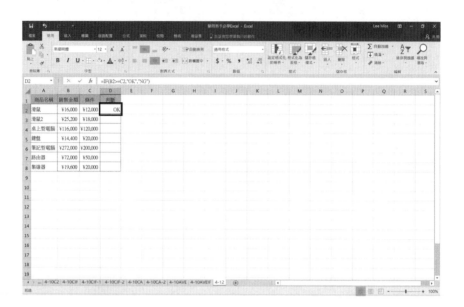

步驟 4 　請複製公式並貼在 D 行。因為我們希望，Excel 能自動
　　　　　調整公式中所有儲存格內的儲存格號碼，所以這裡不使
　　　　　用絕對參照。

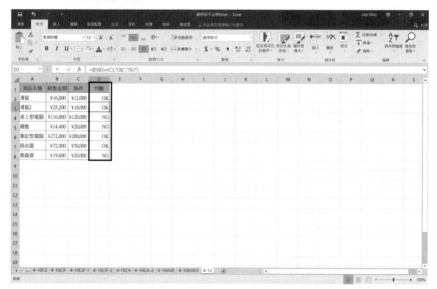

　　之後，我們也可以利用 COUNTIF 函數，來計算 OK 和 NG 的個數。若希望某些儲存格顯示為空白（什麼都不顯示），請將引數中 OK 或 NG 的部分改成「""」。比方說，如果 C5 欄未輸入條件時，便將 D5 欄顯示為空白。

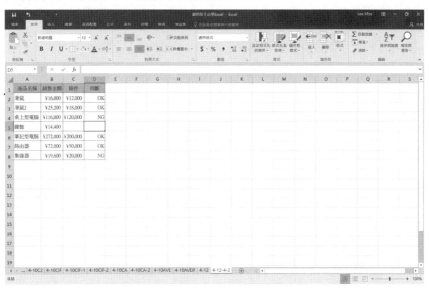

　　使用 2 個 IF 函數，在 C5 欄輸入「＝IF（C5＝"",""、IF（B5>C5,"OK","NG"））」。如此一來，若 C5 欄未輸入任何內容，便顯示為空白，相反時則比較 B5 欄和 C5 欄。

第1章

第2章

第3章

第4章

第5章

161

13 搜尋功能與應用：VLOOKUP

接下來，說明具備搜尋功能的 VLOOKUP 函數。

假設同時有營收表和商品主檔這 2 種表格。想利用營收表裡的商品名稱和商品代號，從商品主檔取得單價資訊時，這個函數非常有用。

VLOOKUP 函數

功能：從指定範圍搜尋包含某特定值的欄位。

語法：＝VLOOKUP（搜尋值,範圍,陣列號碼,TRUE 或 FALSE）

　　　TRUE 表示搜尋值和資料近似，FALSE 則表示兩者完全一致。

使用資料：使用營收表和商品主檔。

上頁圖中的左側為營收表。與前面不同的是，此處的商品名稱和單價使用 VLOOKUP 函數。舉例來說，像是：

D2 欄＝VLOOKUP（$C2,$J$2:$L$8,2,FALSE）
F2 欄＝VLOOKUP（$C2,$J$2:$L$8,3,FALSE）

也就是在 D 行、F 行的儲存格內，輸入使用 VLOOKUP 函數的公式。

上頁圖中的右側為商品主檔。即便商品主檔在其他工作表或檔案裡也無妨。我們可以利用營收表裡的商品代號，從商品主檔取出對應的商品名稱和單價，並顯示在相關欄位。如此一來，能防止商品名稱和單價輸入錯誤，而且想變更或修改時，只要修改主檔即可。

接著說明「＝VLOOKUP（$C2,$J$2:$L$8,2,FALSE）」。

步驟 1　首先是搜尋值「$C2」。C2 中有商品代號，是搜尋值。

步驟 2　接下來是搜尋範圍，也就是商品主檔標題以外的 J2 欄至 L8 欄。指定內含要利用商品代號參照的內容陣列，然後指定要從 J2 欄至 L8 欄的哪一行取出資料。由搜尋範圍來看，就是左起的 1,2,3。因為從商品代號行來看，商品名稱是第 2 行，所以輸入「2」。

步驟 3　最後是指定「TRUE」或「FALSE」。TRUE 是指資料近似，FALSE 則是指完全一致。在此輸入「FALSE」。

如此一來，能利用商品代號，從商品主檔找到商品名稱，並顯示出來。單價也是同樣的道理。請各位練習看看。

6 組不可不知的運算函數

數值加工功能與應用：
ROUND

最後，說明具備數值加工功能的函數。在進行四捨五入、日期和絕對值等商業數據分析時，經常使用這個函數。

ROUND 函數

功能：在指定位數進行四捨五入。

語法：＝ROUND（數值,位數）。

在引數的位數 0（小數點第 1 位）、1（小數點第 2 位）……進行四捨五入。若引數的位數為 0，代表顯示的數值是整數。

步驟 1 在 C5 欄輸入公式「＝ROUND（B5,0）」。

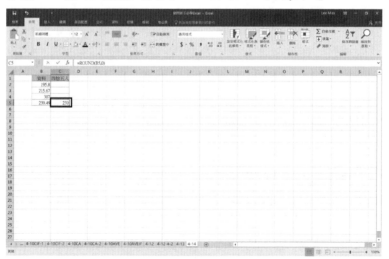

B2 欄至 B5 欄的平均值是「239.49」，四捨五入後顯示為「239」。

15 以 YEAR、MONTH 函數，區分年度和月份

功能：從日期資料擷取年或月。

語法：＝YEAR（日期資料）、＝MONTH（日期資料）。

以上述例子來看，日期在 B 行，因此在 I2 欄輸入「＝YEAR（B2）」，就能單獨擷取 2016 年的資料。至於 J2 欄的「＝MONTH（B2）」，則是單獨擷取月的資料。當有多個年度或月份的資料時，可以用這個函數區分不同的年度或月份。

16 使用 DAY 函數，可以擷取出某個日期的資料

功能：DAY 函數可以從日期資料傳回「日」的資料。

語法：＝DAY（日期資料）。

　　使用 DAY 函數，便能單獨擷取 1 日或 2 日等日期的資料。善用 YEAR 函數、MONTH 函數、DAY 函數，可以讓日期管理變得更輕鬆。

　　若要依照年、月、日來分類資料，例如會員服務等，並加以管理，可以使用這個函數。

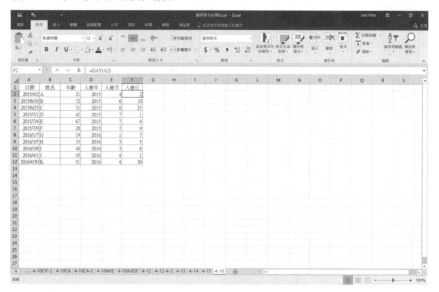

17 用 ABS 函數顯示存貨數量的絕對值，庫存管理不費力

功能：傳回數值的絕對值。

語法：＝ABS（數值）、ABS（儲存格）。

什麼時候會使用這個函數呢？以下舉個例子來說明。

在進行庫存管理時，有時候月底的實際存貨量和理論值會不同。實際存貨較多時便出現正值，較少時則出現負值。想找出實際值和理論值差異較大的商品時，不需要理會正負，只要找出數值相差較大的商品即可。這時就會用到絕對值。

在 E 行的 E3 欄輸入「＝ABS（D3）」，讓 D3 欄顯示數值的絕對值。如此一來，便能比較資料的數值大小。

18 冒出「#」好無奈？常見錯誤有 8 種，這樣因應就對了

因應錯誤內容，Excel 會顯示 8 種錯誤值：

1.#####（井字號）

儲存格寬度比輸入的數值窄時 → 增加欄寬。

日期或時間的計算結果為負值時 → 重新輸入。

2.#VALUE!　文法錯誤

→ 檢查公式和數值種類（數值和字串等），以及函數引數。

3.#NAME?　無法辨識儲存格中的格式或文字

函數名稱輸入錯誤、字串標記錯誤（字串前後未加上""等）。

4.#DIV/0!　除法的除數（分母）為 0，或是儲存格空白時

→ 重新檢查除數和除法公式。

5.#N/A　沒有可使用的值，舉例來說，在使用 VLOOKUP 函數時，未指定任何搜尋值等

→ 重新檢查函數、輸入搜尋值。

6.#REF!　不小心刪除公式或函數引數裡指定的儲存格，或是內含參照儲存格的行或列時

→ 復原。

7.#NUM!　指定為函數引數的數值有誤時

→ 重新檢查函數引數，以及引數指定儲存格中的值。

8.#NULL!　在指定的儲存格裡，沒有共通儲存格時。比方說，以為輸入「＝SUM（A1:A5）」，但實際上輸入的是「＝SUM（A1 A5）」

→ 重新檢查輸入的公式或函數引數，並重新輸入。

19 想正確顯示數值或文字，可用撇號或定義儲存格格式

➡ 識別字串

各位是否有過這樣的經驗：在 Excel 中輸入文字，卻無法正常顯示。比方說，在儲存格裡輸入「1-2」，結果顯示「1 月 2 日」。如果你希望顯示「1-2」而不是「1 月 2 日」，這樣的呈現讓人很困擾。該怎麼做才好呢？

在一開頭輸入「'（撇號）」，再輸入「1-2」，就會顯示為「1-2」。換句話說，希望 Excel 把輸入的內容，視為字串而非數字去處理時，請記得先輸入「'（撇號）」。

➡ 數值與字串的轉換方法

從其他的來源將資料匯入 Excel，或是在適用字串格式的儲存格輸入數值時，儲存格的左上角有時會出現一個小小的綠色三角形。

這便是所謂的「錯誤標示」，代表數值被格式化為文字並儲存。想把這個字串轉換成數值時，請按照下頁的步驟操作。

第 1 章

第 2 章

第 3 章

第 4 章

第 5 章

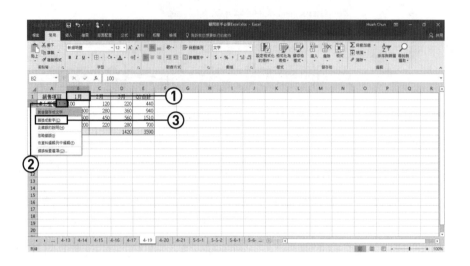

步驟 1 在工作表左上角,選擇顯示錯誤標示的儲存格或儲存格範圍①。

步驟 2 在選擇的儲存格或儲存格範圍旁邊,點選顯示的錯誤標示②。

步驟 3 選擇下拉選單中的「轉換成數字」③。

20 熟練問題解決對策，再也不困擾

出現「指示錯誤」圖示，點選就能獲得修正建議

Excel 具備錯誤檢查的功能，可以協助使用者找出錯誤的原因。Excel 裡有錯誤檢查選項，一旦出現錯誤，就會顯示錯誤標示的圖示，請點選此一圖示。

步驟 1 點選「顯示計算步驟」後，即可開啟「評估值公式」對話框，並以此驗證公式。

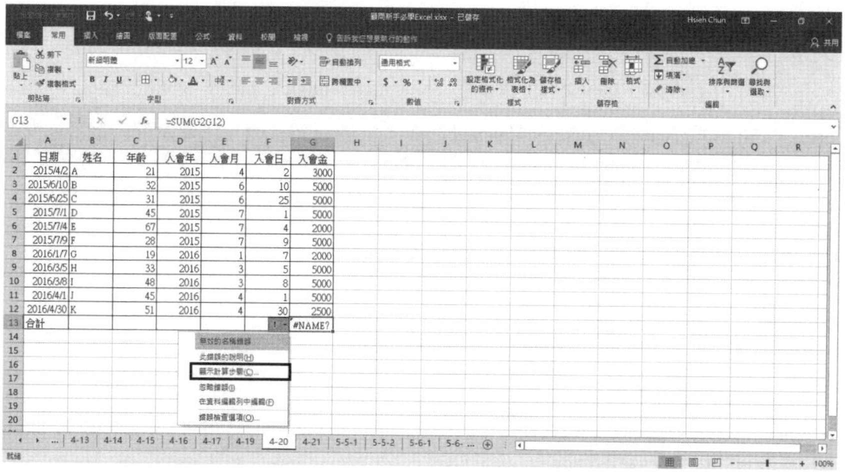

第1章
第2章
第3章
第4章
第5章

以下是評估值公式對話框開啟的狀態。

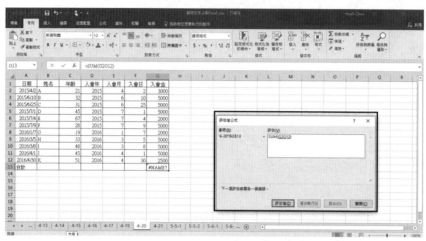

步驟 2 點選「此錯誤的說明」，便出現 Excel 2016 的說明畫
面，可以從中獲得修正錯誤的相關知識。

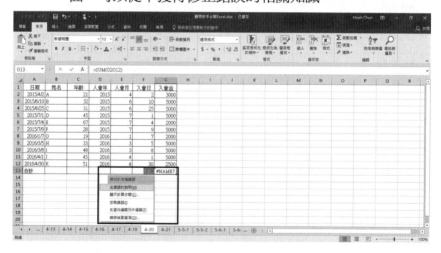

21

熟練問題解決對策，再也不困擾

看到「循環參照」警告，遵循 5 步驟排除計算錯誤

循環參照是造成計算中止的錯誤，但只要按部就班檢查，就能解決問題。請各位不要怕麻煩，一定要仔細檢查。

步驟 1 在 G13 欄用 SUM 函數，輸入加總 G2 欄至 G12 欄的公式。

步驟 2 點選「確定」，關閉警告視窗。

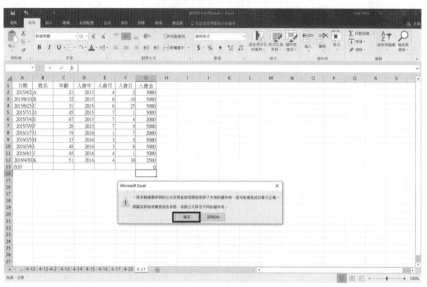

步驟 3 在「公式」頁籤，點選「錯誤檢查」，再點選「循環參照」，內有循環參照的儲存格便會顯示出來。

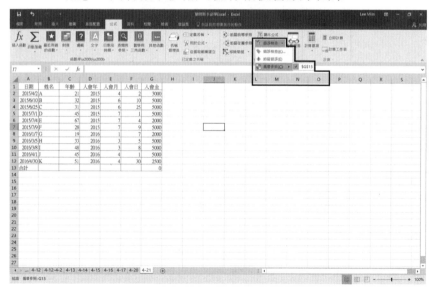

步驟 4　看看內有循環參照的 G13 欄，其數值為 0。下方的狀態
列也顯示「循環參照: G13」。

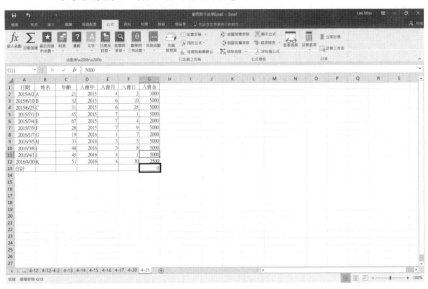

步驟 5　修正 G13 欄中 SUM 函數的引數，便解決循環參照的問
題。

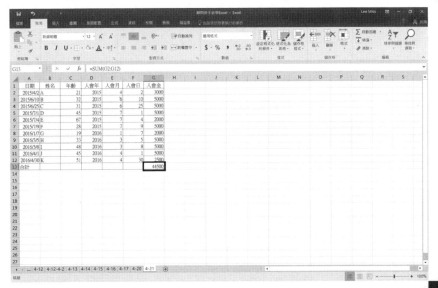

第5章

實戰演練：
用 Excel 分析導出結論、
做出決策

🔍內容

● 實作營收與獲利分析。
● 實作產品銷售分析。

1

掌握獲利現況，管理不再糊里糊塗！

到目前為止，本書分享 Excel 的基礎知識。接著，應用這些基礎知識，實際進行商業數據分析。

假設這裡有 2015 年的銷售資料。2015 年的業績到底是好還是不好呢？答案是「不知道」，因為必須與某項基準做比較才能辨別。

比方說，若有 2010 至 2014 年的銷售資料，就能與這些資料比較，並算出成長率（與去年同期相比）。此外，只要有 2015 年的銷售目標數字，便能算出達成率（預測實績比）。像這樣與其他適當的資料比較，正是商業數據分析要做的事。

⇨ 用相同基準比較（分解資料）

比較 2015 年銷售金額與 2014 年銷售量，一點意義也沒有。所以，必須將資料分解成可用相同基準比較的資料，才能進行比較。以下舉出幾個在業務方面必須比較資料的例子：

- 和去年同期比較、過去 3 至 5 年到最近為止的變動。
- 預測實績比（達成率）。
- 商品（產品）結構比。
- 地區結構比。

接下來。用幾個案例進行說明，首先看看業務部的營收與獲利分析。

　　大多數企業從事商業活動，銷售產品或服務，都是為了賺取利益。有了營收才能支付薪水給員工，甚至將獲利返還給股東，因此若沒有營收，一切都是空談。不過，有營收卻沒有獲利，一樣也是大問題。

　　分析營收與獲利的現狀，並將分析結果回饋到產品策略和通路策略，是非常重要的。進行分析時，必須了解以下關係：

營收－成本（費用）＝獲利

　　由此可知，成本太高便無法獲利。「因為公司營收持續成長，所以不需要這種分析」的想法，正是造成「一本糊塗帳」的原因。

　　令人感到意外的是，許多站在趨勢浪頭上的新興公司，手裡都只有一本糊塗帳。如果不能掌握營收、成本和獲利三者的關係，公司很難永續成長，甚至可能陷入虧損。

　　有鑑於此，要用 **Excel** 做以下 **2** 件事：

1. 掌握營收、成本和獲利的現況，了解經營全貌。
2. 進行增加營收、提高獲利的模擬。

➡ 培養發現異常數值的能力

　　商務人士應具備發現異常數值的能力。舉例來說，若你能大致掌握一個月、一季、半年、一年的營收，以及相關成本與獲利的數字範圍，便可以在 Excel 上發現「這個數字看起來很怪」，也就是所謂的異常數值。

　　如果不理解這些基本數字，光是看 Excel 資料，也看不出所以然。因此，請好好理解你周遭和工作有關的數字。

第**1**章

第**2**章

第**3**章

第**4**章

第**5**章

2 了解營收、成本及獲利的概念和關係

實作營收與獲利分析

　　或許有些人認為，「營收－成本＝獲利」是理所當然的事，不過本書還是從基礎開始說明，以協助大家理解。我事先聲明，這裡的說明只是業務部新人應該理解的部分，並未涉及從會計觀點來看的深入內容，例如：直接稅與間接稅比率等。

　　提升工作能力的關鍵在於，一開始先大致了解基本全貌，之後再慢慢花時間補足細節。如果不能掌握大致的全貌，當工作方向偏離時，根本無法察覺，或是即使察覺也無法修正。最後，甚至不知道自己到底在做什麼。

　　事實上，很多人無法掌握大致全貌，因此光是學會這一點，就已經與別人不同。

➡ 營收：提供產品或服務的金額

　　有時直接檢視每項產品或服務的銷售金額，有時使用平均單價。比方說，在談到部門整體營收時，常使用平均單價和總銷售金額，而在檢討無法獲利的產品時，則使用個別單價。

　　因此，必須準備每項產品或服務的銷售資料和成本，作為所有分析的基礎。資料一定要備妥，至於用不用、要怎麼用，則是另一回事。

產品或服務的單價×銷售量＝總營收

⇨ 成本主要可分成 2 大類

1. 生產、提供一項服務或產品需要花費的成本。
2. 人事費用和經費等成本。

將這 2 類成本加總所得出的金額，便是總成本（總費用）。

計算成本遠比想像中麻煩。舉例來說，當客戶要求你提供報價單時，如果已明確決定 A 產品 1 個 3000 日圓、顧問費 1 小時 20000 日圓，要做出報價單當然很簡單。然而，計算提供給特定客戶的折扣優惠，或是特殊專案的總費用時，就沒有那麼容易。不過，唯有考慮成本，才能模擬獲利狀況。

⇨ 獲利

1. 每項產品或服務的獲利：
   銷售單價－生產、提供一項產品或服務所需的成本
   ＝每項產品或服務的獲利
2. 總獲利＝總營收－總成本

到底有多少獲利，或是到底要賺多少錢，對一家公司而言非常重要。每個人都希望獲利越多越好，但是提高獲利只有 2 種方法：降低成本，以及提高產品或服務的銷售單價。

所以，為了掌握營收與獲利的狀況，必須經常注意如何降低成本和調整銷售單價。

第 **1** 章

第 **2** 章

第 **3** 章

第 **4** 章

第 **5** 章

3 決定目的：分析產品和銷售地區，提出今後的對策

實作營收與獲利分析

2016 年 12 月 26 日，在電腦周邊設備製造商上班的你，手邊有一張紙條，上面寫著你們部門 3 項產品今年度的銷售狀況。

然後，你收到主管的來信，要求你根據產品和銷售地區進行分析，並針對「要達成年度銷售目標，接下來 3 個月（1 至 3 月）該怎麼做」提出報告。

➡ 紙條內容

A 產品
4 月 1200、5 月 1600、6 月 2100、7 月 1800、8 月 1200、9 月 1300、10 月 2400、11 月2200
B 產品……
C 產品……

你會怎麼做呢？

你要思考「分析腳本需要的資料是否齊全」、「需要怎樣的分析結果」等等。接下來，我們一起分析看看。

4

蒐集資料：針對需求結果，考量分析腳本和必要資料

　　首先，針對想獲得的分析結果，思考「分析腳本和需要的資料」。請先列出重點。主管想知道，為了達成年度銷售目標，2017 年 1 至 3 月必須達到的產品別、地區別銷售金額。簡單來說，就是要知道在哪個地區，哪個產品得賣出幾個。

- 想獲得的分析結果。
- 每項產品必須達到的銷售金額。
- 每個地區必須達到的銷售金額。

▶ 一定要有的數據資料

1. 2016 年會計年度，4 月到目前（12 月）為止的產品別實銷金額。
2. 2016 年會計年度，4 月到目前（12 月）為止的地區別實銷金額。
3. 2016 年會計年度的銷售目標金額。

▶ 最好要有的數據資料

4. 2013 至 2015 年這 3 年內，每項產品和每個地區的實銷金額。

　　紙條上已經有 1 的資料，但似乎不太精確，要先確認一下。還沒有 2、3 的資料，必須取得。4 則是要參考 1 至 3 月的銷售趨勢，需要過去的資料，所以也必須蒐集。

第 **1** 章

第 **2** 章

第 **3** 章

第 **4** 章

第 **5** 章

確認資料：驗證資料的正確性，處理成容易分析的型態

　　我們向幾個部門取得需要的數據資料。有些資料是 Excel 檔，有些則是 CSV 檔。經過個別確認後，將資料加工成容易分析的形式。在確認資料內容時，發現主管給的紙條有幾個錯誤。雖然這些錯誤不是很離譜，我們還是決定使用正確的資料。

　　最後，將每項產品和每個地區的銷售資料，彙整成 Excel 表（請見下圖）。至於單價，在製作產品主檔後，用 VLOOKUP 函數讀取。此外，合計值則用 SUM 函數來計算。

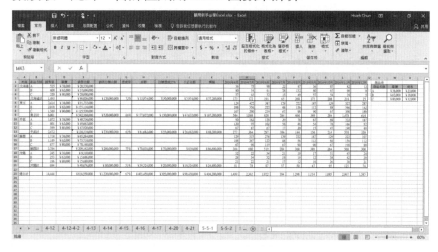

　　於是，現況如同右頁圖表所示。

地區	產品名稱	銷售量	單價	銷售金額	銷售目標金額	達成率
北海道	A	535	¥38,000	¥20,330,000		
	B	608	¥62,000	¥37,696,000		
	C	350	¥80,000	¥28,000,000		
	北海道計	1,493		¥86,026,000	¥120,000,000	72%
東京	A	2,414	¥38,000	¥91,732,000		
	B	2,018	¥62,000	¥125,116,000		
	C	1,569	¥80,000	¥125,520,000		
	東京計	6,001		¥342,368,000	¥520,000,000	66%
中部	A	1,072	¥38,000	¥40,736,000		
	B	801	¥62,000	¥49,662,000		
	C	599	¥80,000	¥47,920,000		
	中部計	2,472		¥138,318,000	¥220,000,000	63%
關西	A	1,718	¥38,000	¥65,284,000		
	B	1,189	¥62,000	¥73,718,000		
	C	877	¥80,000	¥70,160,000		
	關西計	3,784		¥209,162,000	¥280,000,000	75%
沖繩	A	245	¥38,000	¥9,310,000		
	B	253	¥62,000	¥15,686,000		
	C	196	¥80,000	¥15,680,000		
	沖繩計	694		¥40,676,000	¥80,000,000	51%
	總計	14,444		¥816,550,000	¥1,220,000,000	67%

　　這是 4 至 12 月的資料，顯示出 9 個月的狀況。下一節將分析這份資料。

第1章

第2章

第3章

第4章

第5章

6 分析現狀：思考比較前提，分析達成率和營收比重

在根據營收表分析現狀之前，要先思考比較的前提。

1 年過了 9 個月，也就是已過 75％。因此，現在的營收達成率必須至少是 75％。

事實上，許多公司常依照過去的銷售成績，來分析銷售趨勢，然後決定每個月的銷售目標金額。在此，我們單純只考慮 1 年已過了 9 個月的狀況。

此外，在這個時間點，檢視過去 3 年的銷售成績。請確認在達成銷售目標金額的年度，至 12 月底的達成率是多少。根據資料來看，達成銷售目標金額的年度是 2013、2014 年，2015 年則未達標。

2013 年：達成率 109％，至 12 月底的達成率是 101％。
2014 年：達成率 113％，至 12 月底的達成率是 81％。
2013 年：達成率 84％，至 12 月底的達成率是 59％。

再看看每個地區的情況。

因為要看的是每個地區的達成率，所以不會與整體達成率相同。即便東京與沖繩的達成率相同，對整體達成率的貢獻度也不同。

年度	地區	年度達成率	至 12/31 時的達成率
2013	北海道	102%	101%
	東京	121%	126%
	中部	92%	86%
	關西	98%	88%
	沖繩	130%	105%
	合計	109%	101%

年度	地區	年度達成率	至 12/31 時的達成率
2014	北海道	104%	76%
	東京	124%	80%
	中部	90%	65%
	關西	112%	81%
	沖繩	135%	101%
	合計	113%	81%

年度	地區	年度達成率	至 12/31 時的達成率
2015	北海道	85%	63%
	東京	90%	56%
	中部	80%	58%
	關西	98%	70%
	沖繩	67%	50%
	合計	84%	59%

比較的前提

1. 檢視整體表現時，發現在達成銷售目標金額的年度，至 12 月底的達成率超過 80％。

2. 這個案例不特別針對每項產品，進行銷售分析。

第1章

第2章

第3章

第4章

第5章

　　到目前為止，我們知道在達成銷售目標金額的年度，至 12 月 31 日的達成率是 75％ 以上。這其實是理所當然的事。

　　接著，看看每個地區的銷售比率。

　　只要有 2013 至 2015 年的營收表，就能製作出下圖。

　　從這張表可以看出，東京的營收約佔整體營收的 50％。因此，為了達成整體銷售目標，東京可說是重要關鍵。

　　在此整理目前的狀況：

1. 至 12 月 31 日的營收達成率是 67％。
2. 東京的營收達成率是 66％。

　　由此看來，2016 年度要達成銷售目標，應該頗有難度。如果這樣順其自然，最後年度達成率會是多少？根據過去的銷售成績預估，並以折線圖呈現銷售趨勢，會發現過去 3 年的 3 月業績都很好。所以，只要計算過去 3 年的 1 至 3 月營收佔全年營收的比率，就能做出 2016 年的預測。

年度	年度營收	4〜12 月	1〜3 月	佔整體比重
2013	¥770,891,600	¥630,059,200	¥140,832,400	18%
2014	¥1,069,567,200	¥732,910,800	¥336,656,400	31%
2015	¥955,164,800	¥648,308,400	¥306,856,400	32%
2016	¥1,220,000,000	¥816,550,000		

　　1 至 3 月的營收佔全年營收的 18 至 32％，這其實是 4 至 12 月的營收達成率與 100％ 之間的差額。2016 年 4 至 12 月的達成率是 67％，因此要達成銷售目標，1 至 3 月必須銷售 33％。

　　為求精確，應盡可能取得過去 5 年的 1 至 3 月平均營收達成率。比方說，假設過去 5 年的 1 至 3 月平均營收達成率是 25％。

2016	¥1,220,000,000	¥816,550,000	¥305,000,000	¥1,121,550,000	92%

　　理論上會變成這樣：距離銷售目標金額還差 98,450,000 日圓。如果什麼都不做，最後的結果將很接近這個數字，因此必須思考因應對策。只要金額明確，擬定對策將變得很容易。

第1章

第2章

第3章

第4章

第5章

7

實作營收與獲利分析

模擬營收：樹立今後的目標，研擬達標計畫

所謂的模擬營收，是指像前述例子具有明確目標，例如：接下來 3 個月必須創造多少營收，而且為了知道「怎麼做才能達到這個金額」，進行沙盤推演，看出哪個地區必須貢獻多少營收，才能達成目標。

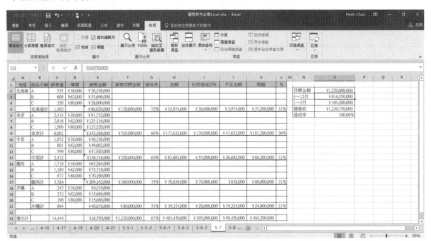

增加輸入模擬數字的欄位，並在右側製作顯示模擬結果的表格（請見下表）。

目標金額	¥1,220,000,000
4~12 月	¥816,550,000
1~3 月	¥366,000,000
總營收	¥1,182,550,000
達成率	96.93%

在模擬行中輸入 1 至 3 月的合計數字。我們已知道，按照前 5 年的平均來看，1 至 3 月的營收佔全年營收的 25％，若要以此數字來達成年度銷售目標，還差 98,450,000 日圓。因此，我們填入 30％。事實上，若要達標，1 至 3 月的營收必須達到 33％，但我們還是按部就班來想。結果，就像左頁表格，還是不夠。

接著讓非東京地區維持 25％，只有東京調整為 35％。

目標金額	¥1,220,000,000
4～12 月	¥816,550,000
1～3 月	¥357,000,000
總營收	¥1,173,550,000
達成率	96.19%

還是不夠。在此狀態下，把中部和關西的數字提高為 30％。

目標金額	¥1,220,000,000
4～12 月	¥816,550,000
1～3 月	¥382,000,000
總營收	¥1,198,550,000
達成率	98.24%

還是不夠。達成率 100％ 以上的組合有很多種，下表只是其中一種：將東京的營收提高至 36％，其他地區則為 31％。不過，只有現場的人才知道，這個數字是否能達成。

4～12 月	¥816,550,000
1～3 月	¥404,200,000
總營收	¥1,220,750,000
達成率	100.06%

用 Excel 製作資料時，要考慮的不只是資料本身，還有現場狀況，並依此擬定對策。

第1章

第2章

第3章

第4章

第5章

191

8

繪製報表：製作報告和儀表板，分享預測結果

　　報表中應包含哪些資訊？就像本書一開始提到的，如果有既定格式，遵循這樣的格式即可，但如果沒有既定格式，必須自己製作一套格式。

　　報表和儀表板裡，包含顯示現況的內容。用這份資料，與團隊成員討論前景預測和行動方案，做出決策並付諸行動，才是最重要的。你也可以將這 2 點放進儀表板裡。

　　經常看到這種例子：在分析現狀後，並未活用分析結果，決定要怎麼做。這樣的分析失去意義。

　　本書一開始也提過，重要的不是分析本身，而是從分析結果導出假設和行動方案，然後付諸實行。

　　由現狀分析結果建立預測，再思考行動方案，雖然不見得是你該做的事，但關鍵在於以下 2 點：

1. 即便是新人也要養成習慣，從現狀分析、預測到行動方案都要思考。
2. 在部門內，一定要思考上述的現狀分析、預測及行動方案，並做出決策。

儀表板範例

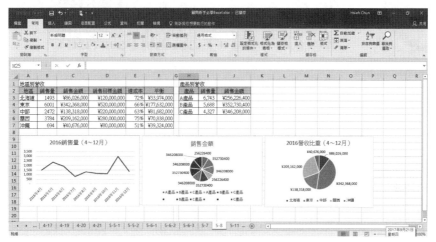

預測範例

1. 過去 1 至 3 月的平均銷售金額，約為銷售目標金額的 25％。

2. 若今年也是 25％，達成率預估為 92％。

3. 想達成銷售目標，東京地區的銷售率必須達到 36％，其他地區則必須達到 31％。

第 **1** 章

第 **2** 章

第 **3** 章

第 **4** 章

第 **5** 章

9

實作營收與獲利分析

制定方案：決定行動內容、負責人及執行期限

一般來說，公司開會時，大多會先談論「現在是什麼狀況」。如果現況令人滿意，會議可能就此結束，但大多數時候並非如此，於是把焦點放在「要做什麼」、「必須做什麼」。

要做什麼其實就是行動方案。**決定行動方案時，有以下 2 個重點：**

1. 方案可以實際執行。

2. 訂出執行期限和負責人。

如果訂出一個無法執行的方案，只不過是在畫大餅、浪費時間。對於企業經營管理而言，這種方案不僅沒有意義，還可能有害。

現狀無法令人滿意，甚至出現危機意識時，應避免花時間訂定不可能執行的方案。當然，可能一開始以為可行，後來才發現無法執行。若是這種情形，一旦發現不可能執行時，便要當機立斷，另覓解決方案。

或許有些人認為這是理所當然的事，但有些公司就是會犯這種錯誤。

因為時間有限，應避免讓主管或同事將時間浪費在沒意義的事情上。請尊重對方的時間。

　　此外，執行期限和負責人也很重要。不事先決定這兩者，結果就是讓時間不斷流逝，什麼事都沒人去做。因此，行動方案必須明確決定以下 3 點：

- 行動內容。
- 由誰負責。
- 截止期限。

　　會議中有時無法立刻決定截止期限和負責人。這時，要把「什麼時候之前要訂出負責人」當成行動方案。

　　最後，一定要寫下包含行動方案在內的會議記錄，並寄給所有與會者和相關人員。這個程序很重要，只要留下會議記錄，就可以隨時評估行動方案，並確認進度。

　　外商公司的會議很重視一句話：「**No agenda, no meeting.**」，意思是「不應召開沒有確定議程的會議」。由此可知，開會必須言之有物，不要浪費大家的時間。

10 實作產品銷售分析

用 ABC 分析將商品分為 3 等級，提升精確度

接下來要根據營收的評估基準，舉例說明主力商品的 ABC 分析。ABC 分析主要運用在商品分析上。

客觀分析某些商品目前處於什麼樣的狀況，是擬定商品策略時不可缺少的步驟。用不同的基準來評估商品，將產生各種不同的觀點。

此外，必須思考要從哪個角度切入，例如：存貨、顧客、往來客戶等。如果賣的是服務，必須針對提供服務的人進行分析。右頁彙整了應分析的評估基準，供各位參考。

所謂的 ABC 分析，是指根據評估基準，將資料（數值）由大排到小，並分成 A、B、C 3 個等級。最常見的方式，是按照累計營收結構比的大小順序來劃分，這種做法稱為「累計結構比」。

進行 ABC 分析時，會用到帕雷托圖。下一節將開始說明累計結構比和帕雷托圖的相關內容。

在 Excel 中，會將幾個函數組合起來使用，以進行 ABC 分析。

對象	評估基準		
商品	營收	銷售量	毛利
存貨	存貨周轉率	交叉比率	存貨周轉期間
顧客	購買金額	購買頻率	最後購買日
直接往來客戶	交易金額	毛利	貢獻度
通路	交易金額	毛利	貢獻度
服務提供者	收費時間	移動時間	等候時間

　　針對營收進行 ABC 分析，結果是某項商品被分為 A 級。此一商品的庫存狀況如何？毛利又是如何？從各種不同的角度切入分析，可以獲得更精確的分析結果。

11 以累計結構比發掘具備暢銷潛力的商品

　　閱讀 ABC 分析的相關說明，一定會出現的名詞是「累計結構比」或「結構比累計」。理解累計結構比的概念，是分析成功與否的關鍵。接下來將詳細說明這一點。

　　請先看看下表。

商品	營收	結構比	累計結構比
商品 D	¥24,800,000	42%	42%
商品 A	¥12,500,000	21%	63%
商品 C	¥9,400,000	16%	79%
商品 B	¥8,800,000	15%	94%
商品 E	¥3,600,000	6%	100%
合計	¥59,100,000	100%	

　　各位應該了解什麼是結構比，結構比就是佔整體的比重。上表便是依照結構比的數字，由大排到小。

　　累計結構比是將結構比最高的商品 D，加上商品 A 的結構比，接著加上商品 C 的結構比，然後加上商品 B 的結構比，最後加上商品 E 的結構比。依序加總之後，合計就是 100％。

　　因為由上往下累加，所以稱為「累計」。想製作柏雷托圖，必須準備累計結構比的數字。

先簡單說明一下，我們將累計結構比前 70% 的商品分為 A 級，也就是賣得最好的商品類別。這個數字將隨著商品結構和公司的商品策略而改變。

一般會把前 70% 分為 A 級，71～90% 為 B 級，91～100% 則為 C 級。以上述範例來看，便是：

A 級：商品 D、A。
B 級：商品 C。
C 級：商品 B、E。

這表示，如果公司多進一些 A 級商品，並且把行銷和業務活動的資源投注在 A 級商品，便可期待營收更進一步成長。

說到這裡，一定會有人提出疑問：「是否不要再銷售 B 級或 C 級商品呢？」這要視每家公司的策略和戰術而定。

舉例來說，假設某項商品雖然營收增加，但毛利很低（甚至近乎虧損狀態）。這可能是公司為了使這項商品取得領先的市佔率，而採取「先不管獲利、全力衝刺營收」的策略，或是把這項商品當成是「集客主力商品」等。

若以毛利率為基準進行 ABC 分析，這種商品一定被歸類為 C 級商品。不過，若是大家都同意採用這種策略，就沒有什麼問題。

就我所知，真的有這樣的案例：某位新人在進行 ABC 分析後，發現某項商品的毛利特別低，於是立刻向主管和同事報告，才得知原來那是公司的策略商品，而覺得很不好意思。

12

實作產品銷售分析

透過帕雷托圖，看出 80% 的營收來自哪些商品

　　在進行 ABC 分析時，會根據分析對象的數據資料，由大排到小，然後按照其累計結構比來分類。

　　這 2 件事可以用一張圖表來表示，那就是帕雷托圖。右頁圖正是以帕雷托圖，來呈現前面說明累計結構比時所使用的 5 項商品營收。

　　帕雷托圖中的直條圖部分，是每項商品營收的結構比，因此最左側的商品結構比最高，越往右側越低，而折線圖部分則是累計構成比，因此越往右側越高。

　　帕雷托法則是由義大利經濟學家維弗雷多・帕雷托（Vilfredo Federico Damaso Pareto）所提出，意指在經濟方面，大部分的整體數值來自於構成整體的一小部分。這又被稱為二八定律或 80/20 法則。

　　以企業活動為例，便是指「佔整體商品 20% 的幾項商品，貢獻 80% 的營收」、「佔整體顧客 20% 的幾家法人顧客，帶來 80% 的營收」等。ABC 分析正是帕雷托法則的應用。

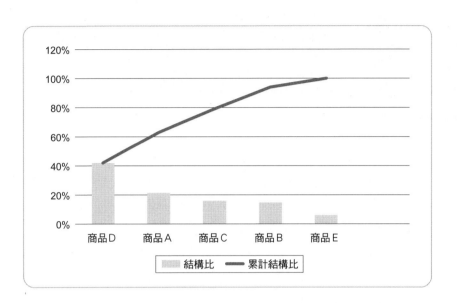

商品	營收	結構比	累計結構比
商品 D	¥24,800,000	42%	42%
商品 A	¥12,500,000	21%	63%
商品 C	¥9,400,000	16%	79%
商品 B	¥8,800,000	15%	94%
商品 E	¥3,600,000	6%	100%
合計	¥59,100,000	100%	

13 【練習】以 ABC 分析找出蛋糕店的主力商品

實作產品銷售分析

接下來，我們實際用 Excel 進行 ABC 分析。

這裡使用某家蛋糕店的銷售資料。這家蛋糕店銷售傳統蛋糕和新式蛋糕，但不知道今後該將主力放在哪種商品上，所以向顧問請教。顧問的建議是：「先掌握現在的實際狀況。」

其實，蛋糕店老闆兼店長大概知道什麼商品賣得好。即便如此，他花了一個月的時間，怎麼也想不出明確的商品銷售排行。因此，他試著進行 ABC 分析。

他將 2016 年 6 月 1 日至 30 日的銷售資料輸入 Excel，結果如右頁表格所示。到目前為止，都還只是一般的資料加工而已。然後，他用 VLOOKUP 函數從商品主檔讀取銷售價格，以此乘上銷售量後，就是銷售金額。合計值則使用 SUM 函數來計算。

蛋糕店的資料（2016 年 6 月 1 日至 30 日）

商品名稱	銷售量	營收	結構比	累計結構比
草莓塔	800	¥262,500		
蒙布朗	625	¥312,500		
千層派	500	¥315,000		
水蜜桃塔	375	¥600,000		
檸檬提拉米蘇	600	¥360,000		
巧克力蛋糕	1400	¥125,000		
重乳酪蛋糕	450	¥200,000		
生乳酪蛋糕	750	¥560,000		
蘋果派	250	¥340,000		
泡芙	850	¥240,000		
合計	6,600	¥3,315,000		

將營收由高排到低

在進行 ABC 分析時，會將銷售金額由大排到小，所以我們將以上資料依照營收由高排到低。

首先，C 行的資料是以 VLOOKUP 函數計算的結果，因此先複製（C2 欄至 C11 欄）。接下來，在同樣的範圍內，從「貼上」的下拉選單，選擇貼上值後貼上。這樣便能開始排序。

接著進行排序。選擇排序範圍為 A1 欄至 C11 欄（D 行、E 行還沒有資料，所以不用選）。

從「排序與篩選」的下拉選單，選擇「自訂排序」。

欄排序方式：營收。排序對象：值。順序：最大到最小。

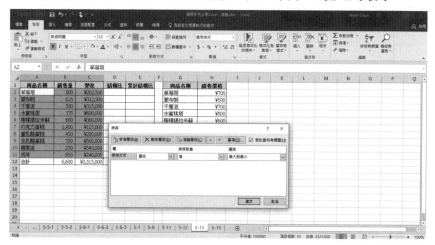

按下「確定」後，就會排序如下表。

商品名稱	銷售量	營收
水蜜桃塔	375	¥600,000
生乳酪蛋糕	750	¥560,000
檸檬提拉米蘇	600	¥360,000
蘋果派	250	¥340,000
千層派	500	¥315,000
蒙布朗	625	¥312,500
草莓塔	800	¥262,500
泡芙	850	¥240,000
重乳酪蛋糕	450	¥200,000
巧克力蛋糕	1,400	¥125,000
合計	6,600	¥3,315,000

➡ 計算結構比

將營收除以營收合計，即可算出結構比。公式中營收合計的「C12」，請指定為絕對參照「$C$12」。

水蜜桃塔的結構比＝$C2/$C$12＝18%

將 D 行的儲存格格式全部設為「%」。接下來，把上述公式複製並貼到 D 行其他的商品欄。全部的結構比加總後（D2 欄至 D11 欄）便是 100%。

第1章

第2章

第3章

第4章

第**5**章

商品名稱	銷售量	營收	結構比	累計結構比
水蜜桃塔	375	¥600,000	18%	
生乳酪蛋糕	750	¥560,000	17%	
檸檬提拉米蘇	600	¥360,000	11%	
蘋果派	250	¥340,000	10%	
千層派	500	¥315,000	10%	
蒙布朗	625	¥312,500	9%	
草莓塔	800	¥262,500	8%	
泡芙	850	¥240,000	7%	
重乳酪蛋糕	450	¥200,000	6%	
巧克力蛋糕	1,400	¥125,000	4%	
合計	6,600	¥3,315,000	100%	

➡️ 切換絕對參照和相對參照的 F4 功能鍵

以這個例子來看，把游標指在 C12 欄的 C 之前，然後按 F4 功能鍵就會變成絕對參照。請連續按 F4 功能鍵。

C12 → $C$12 → C$12 → $C12 → C12

每按一次，便會依照以上順序切換。這是相當便利的功能，請各位先記下來。

計算累計結構比

用 SUM 函數來計算累計結構比。

首先，選擇賣得最不好的巧克力蛋糕的累計結構比欄位（E11 欄）。累計結構比在這個欄位的數值應該是 100%。絕對不能用這個儲存格下方的合計欄位，來進行計算。

在 E11 欄輸入：

＝SUM（$D$2:D11）　　D2 為絕對參照

SUM 函數會由 D2 欄加總至 D11 欄，因此計算結果是 100%。複製 E11 欄裡的公式，然後貼在 E2 欄至 E10 欄，便出現下圖的結果。

看看 E 行的儲存格，便知道 E2 欄是「＝SUM（$D$2:D2）」，E3 欄是「＝SUM（$D$2:D3）」……，E10 欄則是「＝SUM（$D$2:D10）」。每個儲存格都是從 D2 欄開始加總，計算出累計值。

等級劃分

接下來進行等級劃分。這裡使用一般的分類（請見下表）。

A 級	到 70% 為止
B 級	到 90% 為止
C 級	到 100% 為止

結果如下表所示。

商品名稱	銷售量	營收	結構比	累計結構比	等級
水蜜桃塔	375	¥600,000	18%	18%	A
生乳酪蛋糕	750	¥560,000	17%	35%	A
檸檬提拉米蘇	600	¥360,000	11%	46%	A
蘋果派	250	¥340,000	10%	56%	A
千層派	500	¥315,000	10%	66%	A
蒙布朗	625	¥312,500	9%	75%	B
草莓塔	800	¥262,500	8%	83%	B
泡芙	850	¥240,000	7%	90%	B
重乳酪蛋糕	450	¥200,000	6%	96%	C
巧克力蛋糕	1,400	¥125,000	4%	100%	C
合計	6,600	¥3,315,000	100%		

A 級商品有水蜜桃塔、生乳酪蛋糕、檸檬提拉米蘇、蘋果派、千層派 5 項商品。10 項商品中，有 5 項商品佔了營收的 66%。

　　若店長認為「A 級商品有 5 項，太多了」，可以把累計結構比的 A 級商品門檻調到 60％，甚至是 50％。如此一來，A 級商品會變成 4 項或 3 項。

　　但必須注意，A 級商品的營收佔總營收的比重也會跟著下降。就模擬而言，沒有什麼問題，但在實際經營時，不能輕易降低營收佔比。換句話說，累計結構比的門檻，要根據經驗與現場力來判斷。

14 帕雷托圖有標準、集中及分散 3 類，各有商品策略

最後要製作帕雷托圖。事實上，進行 ABC 分析時，只要做出剛才的表格，就能掌握現況。製作帕雷托圖有 2 個好處：一是將現況視覺化，二是看圖就能了解分析結果可分為以下哪種類型。

根據帕雷托圖來分類

標準型

A 級只有 20 至 30% 的商品。分析營收時，要特別留意缺貨的問題。

集中型

A 級只有少數商品。少數商品創造出大部分的營收，屬於高風險狀況。應考慮培養 B 級、C 級商品成為 A 級商品。

分散型

A 級包含許多商品，各項商品之間的營收沒有太大差異。這種情況可說是所有商品都賣得很好，也可說是都賣得不好。此時，應該再以毛利率或庫存等其他指標進行分析，或是努力培育主力商品。

3 種類型的帕雷托圖

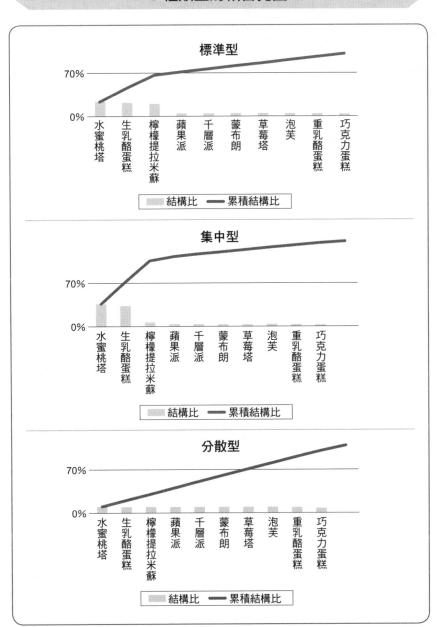

15

實作產品銷售分析

【練習】依據 ABC 分析結果，繪製帕雷托圖

一樣使用蛋糕店的資料。

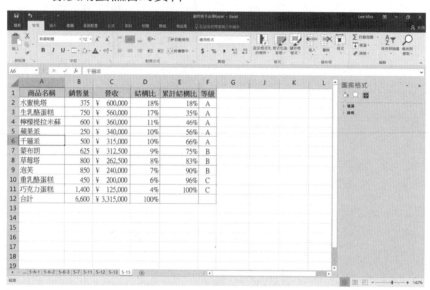

步驟 1 按住 Shift 鍵，並從 A1 欄選擇到 A11 欄（商品名稱行）。

步驟 2 放開 Shift 鍵，按住 Ctrl 鍵並點選 D1 欄。

步驟 3 放開 Ctrl 鍵，按住 Shift 鍵並選擇到 D11 欄。

步驟 4 然後，按住 Ctrl 鍵並點選 E1 欄。

步驟 5 按住 Shift 鍵，並選擇到 E11 欄。

　　這樣一來，便會出現如同下圖的結果，也就是選擇圖表組成要素（商品名稱、結構比、累計結構比）的狀態。

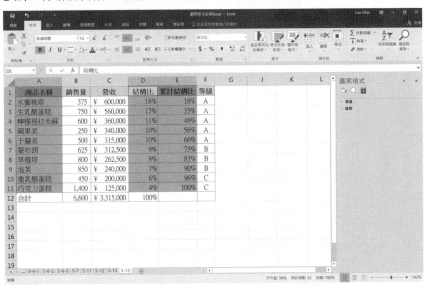

步驟 6　在「插入」頁籤的功能區中，選擇「組合圖」。

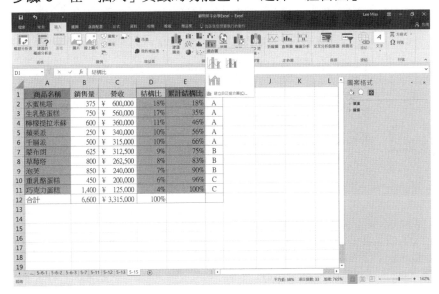

如此一來，便可製作帕雷托圖。

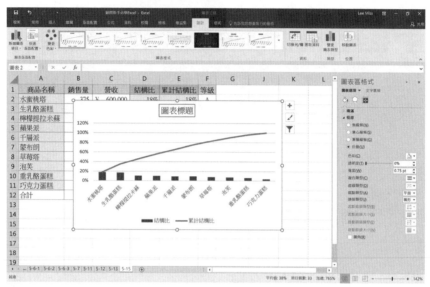

步驟7　編輯圖表區。將圖表標題改為「累計結構比」。

步驟8　設定座標軸格式。雙擊 Y 軸表示百分比的部分。如果出
　　　　　現文字選項，就要改選座標軸選項。
　　　　　在此，座標軸選項設定如下：
　　　　　範圍最小值：0，最大值 1。
　　　　　主要刻度：0.1。
　　　　　次要刻度：這裡會自動變換，不用調整。

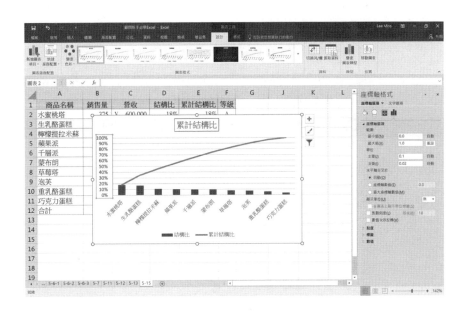

步驟 9　接著，要讓累計結構比的圖表從 0 開始。點擊折線，選
擇後並按右鍵。在此狀態下，點選「選取資料」。

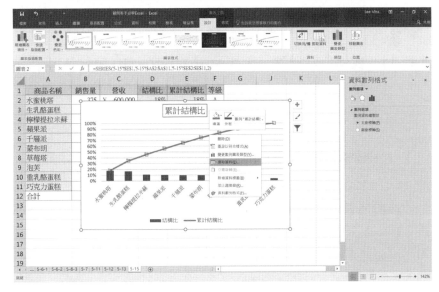

步驟 10 從「圖例項目」選擇「累計結構比」，然後點選上方的編輯鍵。必須注意，這裡要點選在「圖例項目（數列）」內的編輯鍵，而不是圖例項目右側「水平（類別）座標軸標籤」下方的編輯鍵。

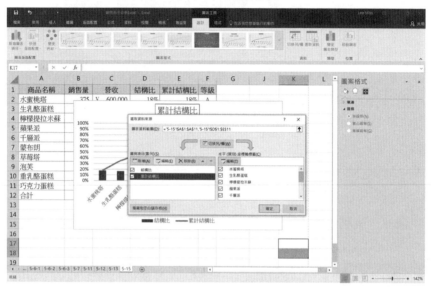

步驟 11 數列值編輯如下。開頭由 E2 改成 E1。此外，「'5-15'!」表示，這裡顯示出「5-15」這張工作表中的儲存格。

$$='5\text{-}15'!\$E\$2{:}\$E\$11（變更） \quad ='5\text{-}15'!\$E\$1{:}\$E\$11$$

此時，如果把游標放在數列值，想用箭號拉到要變更的位置，Excel 工作表會以為游標被移動，數值將跟著改變，因此必須用滑鼠將游標放在想變更的位置。

　　以這個例子來看，要把游標指在「$E$2」的「2」後方，然後按返回鍵刪除「2」，再輸入「1」。

　　於是，柏雷托圖製作完成（請見下圖）。

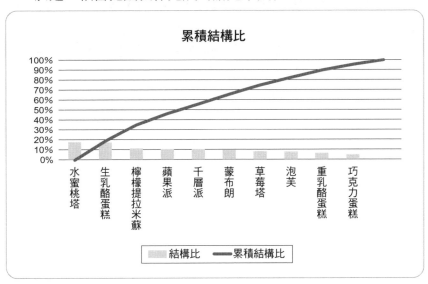

　　只要使用 Excel，就能在進行 ABC 分析時，輕鬆計算累計結構比，並製作帕雷托圖。進行商品分析時，這是非常有用的分析手法，請善加運用。

16 【案例】用貝氏分析，調整消費者性別辨識的模型

最後談論貝氏分析。

貝氏分析是以貝氏統計（又稱貝氏估計）理論為基礎的分析手法。這裡只做簡單說明，詳細內容請參閱相關專業書籍。

企業每天持續進行事業活動，隨著時間經過，其狀態也會產生改變。企業活動和企業現狀都是動態的，絕對不是靜態的。

舉例來說，某個電子商務網站對註冊時自稱是 50 多歲男性的人，寄發專為 50 多歲男性設計的電子報，然而這位顧客購買的卻是女用化妝品。經營這個電子商務網站的公司，寄送電子報都是由系統自動執行，於是接下來仍然寄同樣的電子報給這位男性。這一次，他購買的是年輕女性的內衣。到了這個階段，應該思考什麼事呢？

1. 註冊資料錯誤，這位顧客其實是 20 至 40 多歲的女性。
2. 註冊資料正確，他只是買來送給年輕女性。

大概會有以上這 2 種想法。因此，在這個時間點可以採取以下 4 種對策：

1. 因為註冊資料錯誤，改寄專為女性設計的電子報。
2. 因為註冊資料正確，不變更電子報內容。

3. 這位顧客應該是年輕女性，但為了慎重起見，還是和之前一樣，寄發專為男性設計的電子報，再觀察看看。

4. 同時寄發專為男性和專為女性設計的電子報。（經營這個電子商務網站的公司想確認顧客資料，所以不採取這個對策）

　　這家公司大概會採取對策 3。如果採取這個對策，後來這位顧客還是購買女性用商品，情況將變得如何？他們應該會改採對策 1，寄發專為女性設計的電子報。

　　要讓電腦系統自動執行這個過程，必須依照實際發生的事件，改變對顧客性別的判斷。這種做法的理論基礎，就是貝氏分析。所謂的貝氏分析，是指根據接連發生的事件，來改變模型的分析手法。

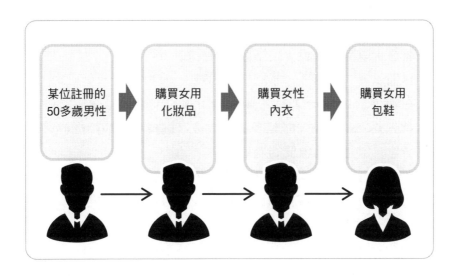

> 結語
> # 從知識、技巧到智慧，
> ## 讓 Excel 成為你的工作武器

　　過去，師長和前輩教我，學會新事物有 3 項關鍵：知識、技巧、智慧。將這樣的概念套用在網球運動上思考。

　　知識：網球比賽的知識，例如：「發球只能發 2 次」、「贏幾分便能獲得勝利」等。只要去上課，就可以學會這些內容。

　　技巧：可以經由反覆練習學會。在日常生活中，想讓別人稱讚自己網球打得很好，必須多花時間練習，換句話說，就是「Practice makes perfect」。

　　智慧：以網球來說，是指要贏得比賽的策略。

　　具備以上 3 項條件，才能贏得比賽。

　　在職場上也是一樣。沒有會計知識的人不可能從事財會工作。首先要學會知識，歷經多次失敗後掌握技巧，最後從經驗裡得到智慧。這是非常重要的過程。

　　我希望各位都能學會商業數據分析的技巧，因此動手撰寫本書。相信各位讀完本書後，已經對這些技巧有某種程度的掌握。之後只剩下實踐。

　　練習與實踐不同，剛開始分析實際商業數據時，可能會失敗好幾次，甚至產生許多煩惱，例如：找不到切入點、不知道如何擬定分析腳本等。這時除了回歸原點，也可以用 Google 搜尋一下自己的煩惱。只要不是太過特殊的煩惱，一定有人和你有同樣

的困擾，所以找到解決方法的機率很高。

　　最重要的是有意識地思考，而不是每次遇到問題才煩惱。常看到這種例子：一旦失敗，便到處詢問怎麼解決，而問題解決後，什麼都忘記了，於是下次又犯同樣的錯誤。你應該將這些事記錄下來：實際遇到的問題、失敗內容、如何解決，以及問題是在什麼情況下發生。你累積這些經驗後，自然會擁有知識。

　　這裡所謂的知識，就是工作知識。如果你不掌握自己和所屬公司或組織的工作內容，空有技巧也無法把工作做好。進一步來說，有人把工作交給你時，重點在於思考這項工作需要的技巧。

　　每當我以顧問身分踏進一家公司時，第一件事便是與現場的人聊聊，問出他們的工作內容和流程，並把這些資訊視覺化。也就是說，我會先努力理解這家公司的工作內容和流程。

　　具備工作知識、掌握用 Excel 進行商業數據分析的技巧，再加上這樣的智慧：了解經過什麼流程能得到想要的結果，你的能力一定會被大家認可。

　　除了一些留學歐美商學院的精英能在職場上活躍，中階以上的商務人士也能發揮活力，當然更沒有性別之分。商業社會唯一的考核標準，就是能否把工作做好。我在外商公司擔任管理職時，也用這個標準為部屬打考績。

　　真心希望各位讀完本書後，都可以成為聰明的商務人士。

國家圖書館出版品預行編目(CIP)資料

IBM 部長強力推薦的 Excel 商用技巧：用大數據分析商品、達成預算、美化報告的 70 個絕招！/ 加藤昌生 著；李貞慧 譯.
-- 三版. -- 新北市：大樂文化有限公司，2023.08
224面；17×23公分. –（Smart；120）
譯自：新人コンサルタントが入社時に叩き込まれる「Excel」基礎講座

ISBN 978-626-7148-74-7（平裝）
1. 經營分析 2. Excel（電腦程式）
494.73029   112011131

Smart 120

IBM 部長強力推薦的 Excel 商用技巧（暢銷限定版）
用大數據分析商品、達成預算、美化報告的 70 個絕招！
（原書名：IBM 部長強力推薦的 Excel 商用技巧）

作　　者／加藤昌生
譯　　者／李貞慧
封面設計／蕭壽佳
內頁排版／思　思
責任編輯／詹靚秋
主　　編／皮海屏
發行專員／張紜蓁
發行主任／鄭羽希
財務經理／陳碧蘭
發行經理／高世權
總編輯、總經理／蔡連壽
出 版 者／大樂文化有限公司（優渥誌）
　　　　　地址：220新北市板橋區文化路一段268號18樓之一
　　　　　電話：（02）2258-3656
　　　　　傳真：（02）2258-3660
　　　　　詢問購書相關資訊請洽：2258-3656
　　　　　郵政劃撥帳號／50211045　戶名／大樂文化有限公司

香港發行／豐達出版發行有限公司
　　　　　地址：香港柴灣永泰道 70 號柴灣工業城 2 期 1805 室
　　　　　電話：852-2172 6513 傳真：852-2172 4355

法律顧問／第一國際法律事務所余淑杏律師
印　　刷／韋懋實業有限公司

出版日期／2017 年 10 月 2 日 第一版
出版日期／2023 年 8 月 28 日 暢銷限定版
定　　價／320 元　　　（缺頁或損毀的書，請寄回更換）
I S B N／978-626-7148-74-7